ISSN 0021-1915

17. JAHRGANG · SEITEN 229—268 · BERLIN JUNI 1981

IPRAX 17 17 (6) 229—268 (1981) 32036

6

isotopenpraxis

EVP 9,— M

AKADEMIE-VERLAG

An unsere Autoren

Die Zeitschrift veröffentlicht Beiträge zu folgenden Themen: Kontrolle und Analyse radioaktiver und stabiler Isotope, Anwendung radioaktiver und stabiler Isotope in allen Gebieten der Forschung und Technik der Industrie, Landwirtschaft und Medizin, Herstellung radioaktiver und stabiler Isotope sowie von markierten Verbindungen, kernelektronische Geräte für die Isotopenanwendung (Dickenmesser, Dichtemesser u. ä.) Detektoren für isotopentechnische Arbeiten und den Strahlenschutz in Isotopenlaboratorien, Meßtechnik und Strahlenschutz, Dosimetrie in Isotopenlaboratorien, kerntechnische Geräte für die Isotopenanwendung (Beton, Bestrahlungsanlagen u. ä.), Strahlenchemie, Radiochemie, ökonomische und perspektivische Fragen, Fragen der Weiterbildung

1 Aufnahme von Manuskripten

Zur Veröffentlichung angenommen werden nur durckreife, noch nicht anderweitig publizierte Beiträge in deutscher, englischer oder russischer Sprache zum Themenbereich der Zeitschrift und zwar

Originalarbeiten
Kurze Originalmitteilungen
Aus der Praxis
Zusammenfassende Berichte
Tagungsberichte
Informationen.

Sind der Beitrag oder Teile daraus bereits veröffentlicht oder ist eine anderweitige Veröffentlichung vorgesehen, so muß dies der Redaktion mit genauer Angabe der Zweitveröffentlichung mitgeteilt werden Mit der Annahme des Manuskriptes behält sich der Verlag das Recht der Vervielfältigung, Verbreitung und Übersetzung innerhalb der gesetzlichen Schutzfrist vor. Auszugsweiser Nachdruck oder photomechanische u. a. Wiedergabe sind an eine schriftliche Genehmigung des Verlages gebunden Manuskripte, Zeichnungen und Photos von veröffentlichten Arbeiten werden nur auf den besonderen und bis zum Zeitpunkt der Veröffentlichung mitgeteilten Wunsch des Autors zurückgesandt.
Bei der unverlangten Einreichung von Manuskripten wird empfohlen, eine Befürwortung eines der Herausgeber oder Redaktionsausschußmitglieder beizufügen
Manuskripte sind einzureichen bei der Redaktion, DDR 1080 Berlin, Leipziger Str 3–4

2 Form der Manuskripte

Die Autoren werden gebeten
2 Manuskripte, eines davon in Original-Maschinenschrift, einseitig und mit 2zeiligem Abstand einzureichen; gut leserliche Photokopien sind zulässig; auf dem 1 Blatt (unter Weglassung der Bezeichnung)
den Titel der Arbeit
Vorname-Initialen und Namen sämtlicher Autoren
gegebenenfalls die Institution, in der sie tätig sind
eine kurze Zusammenfassung der Arbeit von höchstens 15 Zeilen
Keywords in alphabetischer Reihenfolge und
als Fußnote die Anschrift der Institution anzugeben;
wenn möglich auf gesonderten Blättern Namen, Titel der Arbeit und Zusammenfassung in den beiden anderen obengenannten Sprachen 2fach beizufügen,
Literaturhinweise (fortlaufend numeriert), Fußnoten, Tabellen, Abbildungen (in etwa 2facher Veröffentlichungsgröße), Abbildungsunterschriften (getrennt von den Abbildungen, mit Zeichenerklärungen, Quellenangaben, falls erforderlich, und gegebenenfalls mit einem Vermerk für besondere Wünsche bezüglich der Abbildungsgröße), private und Dienstanschrift der Verfasser mit akademischen Titeln und ausgeschriebenen Vornamen auf besonderen Blättern ans Ende des Manuskriptes zu stellen;
Wünsche für den Kolumnentitel (Seitenüberschrift) bekanntzugeben;
Absätze durch Einzüge von mindestens 3 Anschlägen kenntlich zu machen, die Maßeinheiten des SI-Systems ("Systéme International") zu verwenden; Korrekturen im Manuskript unmittelbar an der zu korrigierenden Stelle anzubringen;
Formeln deutlich lesbar und möglichst groß einzutragen;
Farbabbildungen und nachträgliche Änderungen oder Ergänzungen in Abbildungen zu vermeiden;
hervorzuhebende Textellen zu unterstreichen, und zwar halbfetten Satz mit einer geraden schwarzen Linie, kursiven Satz (Schrägschrift) mit einer blauen Wellenlinie (alle Eigennamen). Sperrungen gestrichelt;
besondere Buchstaben durch farbige Unterstreichung zu kennzeichnen, und zwar Formelzeichen in

Griechisch-Kursiv (α, β, ...) rot,
Kursiv (A, B, ...) blau
halbfetter Kursiv ($\boldsymbol{A}, \boldsymbol{B}$, ...) 2 Linien blau (Vektoren),
halbfetter Grotesk (**A**, **B**, ...) 2 Linien violett (Tensoren);

bei Literaturangaben auf Vollständigkeit zu achten. In nachstehender Reihenfolge müssen angegeben sein

a) bei *Zeitschriften*: Vorname-Initialen und Namen sämtlicher Autoren Titel der Zeitschrift (nach „Periodica Chimica" oder möglichst wenig gekürzt), Bandnummer (unterstrichen), Jahreszahl (in Klammern), Heftnummer (nur bei Zeitschriften, die jedes Heft mit S. 1 beginnen) sowie die Seitenzahl, auf der die zitierte Arbeit beginnt.

b) bei *Büchern* Initialen der Vornamen und Name des Autors (Herausgeber werden durch den Zusatz „ed." gekennzeichnet), voll ausgeschriebener Titel des Buches in der Originalsprache, evtl. Bandnummer, voll ausgeschriebener Name des Verlages, Nummer der Auflage (außer der ersten), Erscheinungsort(e), Erscheinungsjahr (hier nicht in Klammern setzen!) und evtl. Kapitelnummer, Seitenzahl u. ä.

c) bei *Sammelbänden, Tagungsberichten* Es soll zusätzlich der Titel des zitierten Beitrags angegeben werden. Die Seitenzahl muß unbedingt angegeben werden. Aus dem Zitat muß hervorgehen, ob es sich um einen Tagungssammelband oder um einen noch nicht veröffentlichten Vortrag handelt. Zwischen Tagungsort und Erscheinungsort des entsprechenden Tagungsberichts ist zu unterscheiden.

3 Korrekturen

Der Autor erhält zwei Umbruchabzüge, von denen einer möglichst schnell korrigiert an die Redaktion zurückgereicht werden soll. Auf Wunsch des Autors kann die Korrektur auch von der Redaktion geelesen werden.

Durch nachträgliche Manuskriptänderungen verursachte Korrekturkosten gehen, sofern sie 10% der Satzkosten übersteigen zu Lasten des Autors.

Der Autor erhält 50 Sonderdrucke kostenlos. Weitere Sonderdrucke können bis zur Rückgabe der Korrekturabzüge auf Kosten des Autors bei der Redaktion bestellt werden

Bezugsmöglichkeiten

Bestellungen sind zu richten
- in der DDR an den Postzeitungsvertrieb, an eine Buchhandlung oder an den AKADEMIE-VERLAG, DDR-1080 Berlin, Leipziger Straße 3–4
- im sozialistischen Ausland an eine Buchhandlung für fremdsprachige Literatur oder an den zuständigen Postzeitungsvertrieb
- in der BRD und Berlin(West) an eine Buchhandlung oder an die Auslieferungsstelle KUNST UND WISSEN, Erich Bieber, OHG, D-7000 Stuttgart 1, Wilhelmstraße 4–6
- in den übrigen westeuropäischen Ländern an eine Buchhandlung oder an die Auslieferungsstelle KUNST UND WISSEN, Erich Bieber GmbH, CH-8008 Zürich/Schweiz, Dufourstraße 51
- im übrigen Ausland an den Internationalen Buch- und Zeitschriftenhandel; den Buchexport, Volkseigener Außenhandelsbetrieb der Deutschen Demokratischen Republik, DDR-7010 Leipzig, Postfach 160; oder an den AKADEMIE-VERLAG, DDR-1080 Berlin, Leipziger Straße 3–4

Zeitschrift „Isotopenpraxis"

Herausgeber Im Auftrag des Akademie-Verlages herausgegeben von Prof. Dr Justus Mühlenpfordt und Prof. Dr Carl Friedrich Weiss
Verlag Akademie-Verlag, DDR-1080 Berlin, Leipziger Straße 3–4, Fernruf 2236221 oder 2236229, Telex Nr.: 114420,
Bank Staatsbank der DDR, Berlin, Kto. Nr 6836-26-20712
Chefredakteur Dr Klaus Uhlig, Berlin
Anschrift der Redaktion (Fernruf 6351177) der Zeitschrift Isotopenpraxis Akademie-Verlag, DDR 1080 Berlin, Leipziger Str. 3–4
Veröffentlicht unter der Lizenznummer 1527 des Presseamtes beim Vorsitzenden des Ministerrates der Deutschen Demokratischen Republik
Gesamtherstellung VEB Druckerei „Thomas Müntzer", DDR-5820 Bad Langensalza
Erscheinungsweise Die Zeitschrift „Isotopenpraxis" erscheint monatlich. Die 12 Hefte eines Jahrganges bilden einen Band Bezugspreis je Band 180,– M zuzüglich Versandspesen Preis für die DDR 108,– M) Preis je Heft 15,– (Preis für die DDR 9,– M)
Bestellnummer dieses Heftes: 1079/17/6

AN (EDV) 12831

ISOTOPENPRAXIS ISSN 0021-1915

Redaktion und Verlag: Akademie-Verlag, Redaktion Isotopenpraxis, 1080 Berlin, Leipziger Straße 3—4

Band **17** (1981) Heft 6, S. 229—268

Inhaltsverzeichnis

ISOTOPENPRAXIS

Redaktion und Verlag: Akademie-Verlag, Redaktion Isotopenpraxis, 1080 Berlin, Leipziger Straße 3–4

Band 17 (1981) Heft 6, S. 229–268

Contents

Progress Reports

H. Koch, A. Schober

Use of Radioactive and Stable Nuclides in Environmental Protection

Isotopenpraxis **17** (1981) No. 6, p. 229 to 240
2 Fig., 5 Tab., 571 Ref.

Radioactive and stable isotopes are to an increasing extent used for the solution of preferably analytical problems related to environmental protection. The advantage of isotope techniques above all are the high detection sensitivity and the possibility to distinguish isotopes of one element. In the present work, a survey of the development during the last few years and of the analytical techniques arising is given. In particular, tracer methods, radiochemical analytical techniques (activation analysis, radioreagent-radiorelease, isotope dilution etc.), radiometric techniques (absorption-scattering and backscattering of nuclear radiation, excitation of secondary radiation, ionization gas analysis etc.), measurement of isotopic abundance and irradiation of sewage and waste gases (waste) are discussed.

Articles

Yu. N. Bourmistenko

Gamma-Activation Installation for Fast Determination of Gold and Its Accompanying Elements in Ore Samples (*in English*)

Isotopenpraxis **17** (1981) No. 6, p. 241 to 243
– Abb., – Tab., 10 Ref.

An equipment for the automatical determination of gold in 500 g samples of ores consisting of a 8 MeV linear electron accelerator, sample transport systems and a spectrometer with two 150 mm × 100 mm NaI(Tl) detectors is described.

P. Jugelt, D. Kaestner, W. Franke

Description of a System for the Spectra Processing with a Computer – Coupled Multichannel Analyzer

Isotopenpraxis **17** (1981) No. 6, p. 244 to 251
9 Fig., 5 Tab., 13 Ref.

A system for the spectra processing with a computer-coupled multichannel analyzer is described. The developed program makes possible automatic spectra processing. The application of the cathode-ray tube of the multichannel analyzer facilitates user's decision. For the coupling of the multichannel analyzers (DIDAC, NTA) with the minicomputer KRS 4200 over distances up to 100 m special interfaces were developed.

V. P. Varvaritza, S. V. Mamiconian, V. Ya. Nagorny

Automatic Checking of Heavy Element Contents in Polymetallic Ores Directly in Transportation Containers (*in English*)

Isotopenpraxis **17** (1981) No. 6, p. 251 to 253
4 Fig., – Tab., 4 Ref.

γ-Ray backscattering and X-ray fluorescence are used for the determination of lead in ores, which are transported by cars.

Содержание

Аналитические обзоры

Х. Кох, А. Шобер

Использование радиоактивных и стабильных нуклидов в защите окружающей среды

Isotopenpraxis **17** (1981) вып. 6, стр. 229 до 240
2 рис., 5 табл., 571 лит.

Радиоактивные и стабильные изотопы в возрастающей мере используются для решения аналитических проблем, связанных с защитой окружающей среды. Преимущество изотопной техники прежде всего заключается в высокой чувствительности обнаружения и в возможности различать изотопы одного элемента. В данной работе дается обзор о развитии последних лет и о возникающих методах анализа. В частности, обсуждаются индикаторные методы (активационный анализ, радиореагент-радиорелиз, изотопное разбавление и т. д.), методы радиометрического анализа (рассеяние при поглощении и обратное рассеяние ядерного излучения, возбуждение вторичного излучения, ионизационный газовый анализ и т. п.), измерение распространенности изотопов и облучение сточных вод и отходных газов (отходов).

Статьи

Ю. Н. Бурмистенко

Гамма-активационная установка для быстрого определения золота и его сопутствующих элементов в пробах руды (*на англ. языке*)

Isotopenpraxis **17** (1981) вып. 6, стр. 241 до 243
– рис., – табл., 10 лит.

Описывается установка для автоматического определения золота в пробах руды весом 500 *гр*, которая состоит из линейного ускорителя 8 *мэв*, систем для транспортировки проб и спектрометра с двумя детекторами NaI(Tl) размером 150 *мм* × 100 *мм*.

П. Югельт, Д. Кестнер, В. Франке

Описание системы для обработки спектров с помощью мини-ЭВМ в связи с многоканальным анализатором

Isotopenpraxis **17** (1981) вып. 6, стр. 244 до 251
9 рис., 5 табл., 13 лит.

Описана система для обработки спектров с помощью мини-ЭВМ в связи с многоканальным анализатором. С помощью программы автоматическая обработка спектров возможна. Электронно-лучевой осциллограф многоканального анализатора применяется в качестве графической дисплей во время обработки спектров. Для связи многоканальных анализаторов (DIDAC, NTA) с мини-ЭВМ KRS 4200 на расстоянии 100 *м* специальные интерфейсы разработаны.

В. П. Варварица, С. В. Мамиконьян, В. Я. Нагорный

Автоматическое определение содержания в полиметаллической руде тяжелых элементов непосредственно в транспортных контейнерах (*на англ. языке*)

Isotopenpraxis **17** (1981) вып. 6, стр. 251 до 253
4 рис., – табл., 4 лит.

Использование обратного рассеяния гамма-излучения и рентгеновской флюоресценции для определения свинца в руде, транспортируемой грузовиками

Fortschrittsberichte

STAND UND ENTWICKLUNGSTENDENZEN AUF DEM GEBIET DER STRAHLENSICHERHEIT UND DES UMWELTSCHUTZES

Anwendung radioaktiver und stabiler Nuklide im Umweltschutz

H. Koch, A. Schober

(Zentralinstitut für Isotopen- und Strahlenforschung der Akademie der Wissenschaften der DDR)[1])

Herrn Prof. Dr. habil. *C. F. Weiss* zum 80. Geburtstag gewidmet.

Die Anwendung radioaktiver und stabiler Isotope wird zunehmend im Umweltschutz zur Lösung vorwiegend analytischer Fragestellungen eingesetzt. Der Vorteil der Isotopentechnik liegt vor allem in der hohen Nachweisempfindlichkeit und der Möglichkeit, zwischen Isotopen ein und desselben Elements unterscheiden zu können. In diesem Aufsatz wird ein Überblick über die Entwicklung der letzten Jahre und die sich dabei abzeichnenden Analysenverfahren gegeben. Insbesondere werden Tracermethoden, radiochemische Analysenverfahren (wie Aktivierungsanalyse, Radioreagens-Radiorelease, Isotopenverdünnung etc.), radiometrische Analysenverfahren (wie Absorptions-Streuung und Rückstreuung von Kernstrahlung, Anregung von Sekundärstrahlung, Ionisationsgasanalyse etc.), Messung der Isotopenhäufigkeit und die Strahlenbehandlung von Abwässern und Abgasen (Abfällen) besprochen.

Keywords

bibliographies; environment; isotope applications; pollution; radiation effects; reviews

1. Einleitung

Vor etwa 100 Jahren prägte Ernst Haeckel den heute weithin bekannten Begriff „Ökologie“ für die Wechselbeziehungen zwischen Organismen, Pflanzen, Tieren und deren Umwelt. Wir wissen heute kaum etwas über ökologische Gleichgewichte und können daher auch nur wenig über die Belastbarkeit solcher Systeme aussagen, d. h. über die Reaktion solcher Systeme auf mehr oder minder starke Eingriffe durch Mensch und Technik auf diese Umweltbedingungen. Die Umweltforschung befaßt sich mit Erscheinungen und Entwicklungen vorwiegend technischen Ursprungs, die für die menschliche Gesellschaft schädlich sind oder deren Schädlichkeit vermutet wird. Derartige Forschung verlangt ein Zusammenwirken vieler Wissensdisziplinen. Sie ist kein „neues“ Fachgebiet, sondern eine multivalente Aufgabenstellung.

Wenn man von Umweltproblemen spricht, so werden darunter meist solche Probleme, die die schädigende Wirkung von Stoffen auf die Umwelt (Mensch, Tier, Pflanze) betreffen, verstanden. Man befaßt sich mit der Herkunft, der Konzentration in bestimmten Medien (Boden, Wasser, Luft) und der Beseitigung solcher Schadstoffe. Für diese Untersuchungen, speziell zur Spurenbestimmung, eignen sich besonders die nuklearen Analysenverfahren. So besteht beispielsweise die Möglichkeit, mittels der Tracertechnik Ursprung, Konzentration und Verbleib schädigender Stoffe empfindlich festzustellen. Zum Umweltschutz gehört natürlich — und das betrifft den Radiochemiker direkt — auch die Gefahr des Austritts radioaktiver Stoffe in die Umwelt, z. B. aus Kernreaktoren, Kernkraftwerken etc. Dieser Teil der Umweltproblematik wird hier nicht besprochen. Das Gesamtgebiet der Umweltforschung läßt sich in drei Arbeitsgebiete einteilen [1, 2]:

Umweltanalytik
Umwelteinflüsse auf die Ökosysteme
Umwelttechnik.

Das z. Z. wichtigste Teilgebiet der Umweltforschung ist die Umweltanalytik. Dabei geht es vorzugsweise um die Identifizierung und quantitative Bestimmung von gasförmigen, flüssigen und festen Schadstoffen anorganischer und organischer Natur.

Von den anorganischen sind insbesondere die Schwermetalle, aber auch Plutonium, Uran und die Kernspaltprodukte wie ^{90}Sr und ^{131}J von Bedeutung. Von den organischen Verbindungen sind Wasch- und Flotationsmittel, Agrarchemikalien, Erdölprodukte und Abfallprodukte anderer Industriezweige Gegenstand der Analyse.

Ein wichtiges, wenn auch noch sehr wenig systematisch erforschtes Gebiet ist die Beeinflussung von Ökosystemen durch Schadstoffe. Hierunter wollen wir weniger die Lösung von Einzelproblemen, sondern vielmehr die größeren Zusammenhänge verstehen, d. h., die Umweltprobleme als Teilgebiet der Beziehungen zwischen Mensch, Natur, Klima und Industrie betrachten. Es geht um die langfristige Erforschung der Belastbarkeit von Ökosystemen und wie man solchen Belastungen begegnet. Während es bei der Umweltanalytik z. B. um Verbrauch, Abbaugeschwindigkeit, Toxizität und Rückstandsanalytik von Agrarchemikalien geht, werden hier auch Fragen was sein wird und sein soll, d. h. Entwicklungs- und Zustandsbilder der Agrarchemikaliensituation (Pestizide, Herbizide, Akarizide etc.) für die späteren Jahre und Jahrzehnte entwickelt. Gegenstand solcher Forschungen sind Fragen der Hydrologie, der Nahrungsmittelkette, umweltfreundlicher Industrieanlagen

[1]) Anschrift: 7050 Leipzig, Permoserstr. 15

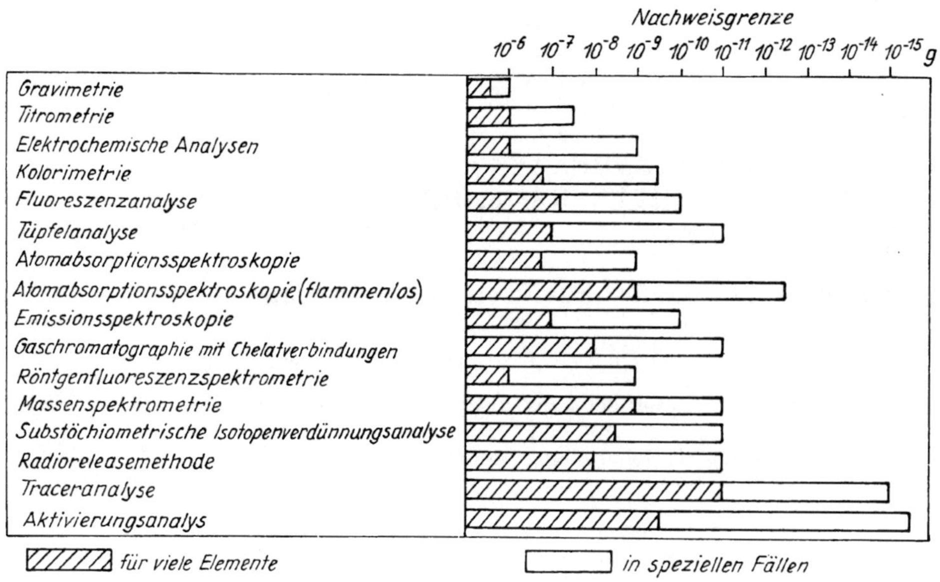

Abb. 1. Vergleich der Nachweisempfindlichkeiten einiger gebräuchlicher Analysenverfahren

usw. Aber auch Fragen des Wirtschaftswachstums, der Nutzung natürlicher Ressourcen, Probleme der Klimaforschung, der Geologie, der Erosion, Ozeanographie, des Sauerstoffhaushaltes der Erde etc. gehören zu diesem Gebiet [3–15].

Das dritte Gebiet ist die sogenannte Umwelttechnik. Dieses Teilgebiet beschäftigt sich damit, die in der Umwelt vorhandenen schädlichen Stoffe zu beseitigen. Dazu werden meist teure und aufwendige Anlagen benötigt. Probleme dieser Kategorie sind die Beseitigung von Schwefelverbindungen aus Abgasen, Beseitung der Ölpest, Aufbereitung von kommunalen und industriellen Abwässern einschließlich strahlenchemischer Abfallbehandlung.

In diesem Artikel sollen nur die Umweltanalytik und die Umwelttechnik, soweit die Anwendung von Kernstrahlung zur Lösung dieser Probleme angewandt wird, besprochen werden.

2. Die Anwendung der Isotopentechnik in der Umweltanalytik und -technik

Die Umweltanalytik umfaßt nicht nur die Stoffgehaltsbestimmung, sondern schließt auch Fragen der Schadstoffentstehung, -herkunft und -verteilung sowie des Schadstofftransports und -abbaues ein. Sie reicht vom Ursprung über die Wirkung bis zur Beseitigung der unerwünschten Stoffe. Die nuklearen Analysenverfahren weisen sich gegenüber anderen Analysenverfahren durch folgende Merkmale aus:

1. Die Radionuklide besitzen eine sehr hohe Nachweisempfindlichkeit, so daß man unter günstigen Bedingungen noch einzelne radioaktive Isotope nachweisen kann, wenn der einzelne Zerfallsakt mit einem geeigneten Detektor registriert wird. Damit hat man die theoretische Grenze, nämlich die Erfassung eines einzigen Atoms, prinzipiell erreicht.
2. Man hat die Möglichkeit der Markierung, d. h., Isotope ein und desselben Elementes können nebeneinander quantitativ nachgewiesen werden. Diese Nachweisempfindlichkeit hängt von einigen Faktoren, insbesondere der Halbwertszeit, ab.

In Tab. 1 sind die Halbwertszeiten einiger Radionuklide, deren Menge und Nachweisempfindlichkeit zusammengestellt. Es ist zu erkennen, daß die Nachweisempfindlichkeit mit zunehmender Halbwertszeit und abnehmender spezifischer Aktivität geringer wird.

Tab. 1. Nachweisgrenzen für Radionuklide mit Zählrohren in Abhängigkeit von der Halbwertszeit

HWZ	Erfassungsgrenzen	
	Atome	Mol
1 h	10^4	$2 \cdot 10^{-20}$
1 d	$5 \cdot 10^5$	$8 \cdot 10^{-19}$
1 Monat	$1 \cdot 10^7$	$2 \cdot 10^{-17}$
1 a	$1{,}5 \cdot 10^8$	$2 \cdot 10^{-16}$
1000 a	$1{,}7 \cdot 10^{11}$	$3 \cdot 10^{-13}$

In Abb. 1 sind die Nachweisgrenzen der wichtigsten nuklearen Analysenverfahren den herkömmlichen Verfahren gegenübergestellt. Bei aller Ungenauigkeit, die solchem Vergleich anhaftet, erkennt man doch die grundsätzlich höheren Empfindlichkeiten der radiochemischen Methoden und damit ihre zunehmende Bedeutung in der Umweltanalytik.

Die für den Umweltschutz hauptsächlich eingesetzten Methoden der Isotopen- und Strahlenforschung sind:

1. Tracertechnik
2. Radiochemische Verfahren
   - Aktivierungsanalyse
   - Isotopenverdünnungsmethoden
   - Radiorelease- und Displacement-Methoden
   - Radioreagensverfahren
3. Radiometrische Verfahren
   - Analyse durch Absorption und Streuung von Kernstrahlung
   - Analyse durch Anregung von Sekundärstrahlung (Röntgenfluoreszenz)
4. Ionisations-Gasanalyse
5. Strahlenchemische Behandlung von Abfällen.

3. Die Anwendung von Tracern [16–20]

Neben der rein analytischen mengenmäßigen Erfassung von Schadstoffen befaßt sich die Umweltforschung auch mit Fragen der Entstehung, Genese und Beseitigung von Schadstoffen. Man will Bewegungsabläufe, Verzweigungen und Verteilungen von Schadstoffen einschließlich der Kinetik von Reaktionsabläufen im makroskopischen wie im atomaren und molekularen Bereich verfolgen. Für solche Untersuchungen sind insbesondere die Tracer- oder Indikatormethoden auf Grund der bereits benannten Vorteile geeignet.

Das Anwendungsgebiet erstreckt sich über alle Bereiche unseres biologischen Lebens von der Luft über die flüssigen Medien bis hin zum Boden bzw. zu geologischen Formationen und den Wechselwirkungserscheinungen dieser „Elemente". Zu solchen Untersuchungen werden neben einer Vielzahl der heute kommerziell erhältlichen Radionuklide zunehmend mehr angereicherte stabile Isotope wie ^{2}H, ^{12}C, ^{13}C, ^{14}N, ^{15}N, ^{17}O, ^{18}O, ^{32}S, ^{34}S, ^{35}Cl, ^{37}Cl, ^{74}Br, ^{81}Br, ^{65}Cu etc. eingesetzt.

Eine weitere interessante Möglichkeit, insbesondere zur Untersuchung von großen Volumina, z. B. in der Hydrologie, ist die sogenannte „Indikatoraktivierungsanalyse" oder „Methode der aktivierbaren Tracer" [21, 22]. Diese Methode beruht darauf, daß anstelle eines radioaktiven Isotops ein leicht mit Neutronen aktivierbares inaktives Nuklid, wie z. B. angereicherte Seltene Erden, dem zu untersuchenden System beigegeben wird. Nach beendetem Versuch werden die einzelnen Proben in einem Kernreaktor aktiviert und anhand der induzierten Aktivität die Stoffmenge usw. quantitativ ermittelt.

3.1. Indikatortechnik zur Untersuchung von Luftverschmutzungen

Nach *DeWitt* [23] werden die meisten Luftverschmutzungen durch den Bergbau und die Kohleverbrennung verursacht. In Tab. 2 sind die entsprechenden Werte für die USA in Mill. Tonnen angegeben.

Tab. 2. Zunahme der Luftverschmutzung in den USA in Mill. Tonnen

	1975	1985	2000
CO_2	91,3	42,6	54,7
SO_2	26,5	28,7	29,6
N-Oxide	17,4	21,8	27,6
KW	16,8	10,4	11,4
Verschiedenes	15,4	9,4	12,8
Suspendierte Feststoffe	14,7	1,7	4,7
gelöste Feststoffe	13,3	10,1	14,2
Verbrennungsabfälle	65,8	143,0	206,0
Abfälle Berg- u. Hüttenwesen	63,1	197,0	670,0

Diese abschätzende Darstellung läßt auch die Schwerpunkte der Forschungsaufgaben zur Kontrolle, Beseitigung bzw. Verminderung der Luftverschmutzung erkennen.

Von den Schwefelverbindungen ist das Schwefeldioxid eine der häufigsten Verunreinigungen technischen Ursprungs. Wie Tab. 2 zeigt, werden allein in den USA z. Z. etwa 27 Mill. t/a in die Atmosphäre abgegeben. Neben reinen Markierungsuntersuchungen, z. B. über die Bildung von SO_2 beim Verbrennungsvorgang, über den Abbau von Schwefelverbindungen in technischen Anlagen und in der Atmosphäre sowie über die Verteilung in der Nähe von Verbrennungsanlagen, bei denen häufig ^{35}S-markiertes Schwefelhexafluorid verwendet wird [24–31], sind auch die Schwankungen der natürlichen Isotopenhäufigkeit der stabilen Nuklide ^{32}S und ^{34}S von Bedeutung [32, 33]. Auch zur Untersuchung von Herkunft und Verhalten anderer Schadstoffe wie CO_2 sind Messungen der Isotopenverhältnisse herangezogen worden [34–38].

Die Anzahl der Luftuntersuchungen mit isotopentechnischen Mitteln ist derart umfangreich [39–46], daß hier nur auf einige Aspekte eingegangen werden kann. Verwendet werden meistens radioaktive Gase wie ^{3}H, $^{14}CO_2$, ^{85}Kr, $^{14}CH_4$ etc., aber auch Schwermetallaerosole des Tc, Pb, Sb usw. Dabei geht es meist um die Markierung von Luftmassen zum Studium des Lufttransports, von Luftströmungsverhältnissen, Ventilations- und Filterproblemen bis hin zum Austausch zwischen Troposphäre und Atmosphäre [47–53]. Daneben sind die Herstellung und Anwendung von Aerosolen ein weiterer Schwerpunkt zum Studium des Ursprungs und Verhaltens von Abgasen, Schwebstoffen, Aschen etc. bzw. zur Entstehung, Verteilung und Abbau von Schadstoffen in Industrieanlagen, in der Atmosphäre etc. [54–67]. Dabei werden auch stabile aktivierbare Indikatoren zunehmend eingesetzt [68–74].

3.2. Traceranwendungen in der Hydrologie

Die zunehmende Verknappung von Frischwasser auf der Welt, der allgemein sinkende Pegel des Grundwassers und die Notwendigkeit der Wasseraufbereitung haben eine Fülle von isotopentechnischen Arbeiten in der Hydrologie zur Folge gehabt [75–78]. Diese Entwicklung zeigt sich nicht zuletzt daran, daß allein von der IAEA bisher 4 Hydrologie-Symposien veranstaltet wurden [79–82]. Der Tracereinsatz in der Hydrologie erfolgt vorzugsweise

- durch Zumischen eines radioaktiven Isotops (Verbindung)
- durch Zumischen eines Isotops (Verbindung) und nachträgliche Indikatoraktivierung
- durch Untersuchung von Isotopenvariationen
- durch Untersuchung natürlich vorkommender Radioisotope.

Die meisten Untersuchungen liegen auf dem Sektor der allgemeinen Hydrologie, der Oberflächen- und Grundwasserbewegung, der Flußmessungen, der Erfassung von Verunreinigungen im Trinkwasser, der Versickerungsgeschwindigkeit, der Verweilzeiten, des Verhaltens von Metallionen usw. vorwiegend für die Frischwasserversorgung sowie für die Erschließung und Aufbereitung von Reserven [83 bis 97]. Ein weiteres relativ intensiv studiertes Gebiet ist die Abwasseraufbereitung. Hier werden insbesondere Abwasseraufbereitungsanlagen in bezug auf Leistung, Durchsatzgeschwindigkeit, Effektivität und Belastbarkeit untersucht und optimiert [98–117]. Auch von unserem Institut konnte eine große Kläranlage durch Markierung des Wassers mit ^{24}Na und des Schlamms mit ^{82}Br optimiert werden, was zu wesentlichen Energieeinsparungen und zur Reduzierung der Belebtschlammbeckenkapazität führte. In diesem Zusammenhang sind Schlammbewegungen, Sedimentationsgeschwindigkeit, Filtrierbarkeit etc. von Interesse [118–127].

An dieser Stelle soll auf die Nutzung der Tracertechnik in der Ozeanerforschung hingewiesen werden. Dieser riesenhafte Bereich gewinnt als Nahrungsmittel-Rohstoffquelle und vielleicht sogar als Lebensraum zunehmend an Be

Tab. 3. Produktion und Verteilung der wichtigsten Bodenverunreinigungen nach [139]

Produkt	Welt-Prod.	Einbringung in den Boden pro Jahr			
		lokale Vert.	globale Vert.	Konz. bei Vert. über das gesamte Land	
	10^6 t/a	kg/ha	kg/ha	kg/ha	mg/m²
Pflanzenschutzmittel	1	2–4	0,12	0,07	7
Stickstoffdünger	15	70	3–4	1,1	110
Org. Chemikalien	100		1,8	7,0	700

Tab. 4. Nachweisgrenzen der Aktivierungsanalyse mit Reaktorneutronen, 14 MeV-Neutronen und Photonen

Größenordnung der Nachweisgrenze in g[a])	Nachweisbare Elemente		
	Reaktorneutronen[b])	14 MeV-Neutronen[c])	Photonen[d])
10^{-15}	Eu		
10^{-14}	In, Dy		
10^{-13}	Mn, Sm, Ho, Lu, Re, Ir, Au		
10^{-12}	Na, Ar, V, Co, Cu, Ga, As, Br, Kr, Rh, Pd, Ag, I, Cs, La, Pr, Yb, W		
10^{-11}	Al, Cl, K, Sc, Ge, Se, Y, Sb, Xe, Ba, Gd, Tb, Er, Tm, Pt, Os, Hf, Hg, Th, U		
10^{-10}	Si, P, Cr, N, Zn, Sr, Nb, Ru, Cd, Sn, Tc, Ce, Nd, Ta		Ho
10^{-9}	F, Ne, Mg, Ti, Rb, Mo, Tl, Bi		Cl, Ar, Cu, Zn, Br, Ag, Pr, Na, Er, Ta
10^{-8}	S, Ca, Zr, Pb	F	C, N, O, F, P, S, K, Ti, Cr, Ge, Zr, Nb, Mo, Ru, In, Sn, Sb, I, Cs, Sm, Gd, Re, Au
10^{-7}	Fe	N, P, Sc, Cu, Zn, Ga, Br, Ag, Cd, Sb, Te, Ba, Ce, Pr, Ho, Ta	Mg, Si, Fe, Ni, As, Rb, Y, Cd, Ce, Tm, Yb, Os, Ir, Hg, Tl, Pb
10^{-6}		B, N, O, Mg, Al, Ar, V, Cr, Mn, Fe, Co, Ni, Ge, Se, Sr, Zr, Pd, In, Sn, Xe, Nd, Sm, Eu, Gd, Er, W, Os, Ir, Pt, Hg, Th	Mn, Co, Sr, Rh, Pd, Dy, Lu, W
10^{-5}		Cl, S, K, As, Kr, Rb, Nb, Mo, Rh, I, Cs, La, Re, Au, Pb	Na
10^{-4}	N, O	Ca, Ti, Y, Ru, Tb, Dy, Tm, Yb, Lu, Bi, U	Tb
10^{-3}		Hf, Tl	

[a]) Annahme für die Nachweisbarkeit der Indikator-Radionuklide: 0,1 nCi für $t_{1/2} > 30$ min; 0,5 nCi für 1 min $< t_{1/2} <$ 30 min; 1 nCi für 1 s $< t_{1/2} <$ 1 min
[b]) Thermischer Neutronenfluß $= 5 \times 10^{13}$ cm^{-2} s^{-1}; epithermischer Neutronenfluß $= 10^{12}$ cm^{-2} s^{-1}; Bestrahlungszeit $t_B = 24$ h
[c]) Neutronenfluß $= 10^{10}$ cm^{-2} s^{-1}, Bestrahlungszeit $t_B = 1$ h
[d]) Elektronenstrahlintensität = 100 µA, Bestrahlungszeit $t_B = 4$ h

deutung. Gegenwärtig werden insbesondere Radiotracermethoden zum Studium der Unterwasserbewegung von Schlamm, Sand, Geröll und Industrieabfällen und zum Verhalten von Metallionen wie Sb, Hg, Zn usw. angewendet [128–132]. Die ständig zunehmende Erdölgewinnung und -aufbereitung stellt auch für die Ozeane eine nicht zu unterschätzende Gefahr dar, so daß die Tracertechnik auch zum Studium der Ölverschmutzung für unterschiedliche Zwecke (Ursprung der Verschmutzung, Leistung von Ölabscheidern etc.) Verwendung findet [133–138].

3.3. *Radiotracer zum Studium von Bodenverschmutzung*

Im Prinzip liegen die Probleme bei den Bodenuntersuchungen ähnlich wie die bei den Luft- oder Wasseranalysen. Im Boden geht es mehr um schwerlösliche Verbindungen, die nicht ausgelaugt werden, und um solche, die nicht verdampfen, d. h. einen niedrigen Dampfdruck aufweisen. Die Hauptverunreinigungen werden durch Pestizide, Stickstoffdünger und organische Chemikalien verursacht, also durch die Land- und Forstwirtschaft selbst. Nach *Korte* [139] verhält sich die Produktion und maximale Verteilung dieser wichtigsten Bodenverunreinigungen wie in Tab. 3 dargestellt.

Insgesamt sind zu dieser Problematik (Isotopenanwendung im Boden – Kontaminationsuntersuchungen) allein mehr als 1500 Veröffentlichungen erschienen. Bei den Pflanzenschutzmitteln werden für die verschiedensten Wirkstoffe Aufnahme, Metabolismus und Abbauraten untersucht und Rückstandsbestimmungen in der Pflanze gemacht [140–145]. Hier geht es vor allem darum, optimale Anwendungsbedingungen zu finden und die Wirkmechanismen zum Zwecke einer selektiven Wirkung (Anwendung) aufzuklären.

Im Bereich der Düngungsforschung werden vor allem die Veränderungen der Isotopenverhältnisse ($^{12}C/^{13}C$; $^{12}C/^{14}C$; $^{14}N/^{15}N$ usw.) als Kriterium verwendet. Insbesondere werden dabei stabile Isotope eingesetzt. Eine Sammlung solcher Fragestellungen ist in den „Proceedings of a Symposium on Isotope Ratios as Pollutant Source and Behaviour of Indicators" der IAEA, Wien (STI/PUB/382) (1975) veröffentlicht. In der Mehrzahl der Fälle befaßt man sich mit der Herkunft des Düngers, der Aufnahme durch die Pflanze, der Bestimmung des löslichen Düngeranteils, Verteilungs- und Auswascheffekten, Depotwirkung etc. [146—155].

4. Radiochemische Analysenverfahren

Unter den radiochemischen Analysenverfahren wollen wir hier die Aktivierungsanalyse, die Isotopenverdünnungsmethoden einschließlich der Substöchiometrie, die Analyse mit radioaktiven Reagenzien, die Radiorelease- und die Displacementmethode verstehen.

Neben der Aktivierungsanalyse haben die anderen radiochemischen Methoden, wie die spezielle Indikatoranalyse, die Isotopenverdünnungsmethoden, die Displacementmethoden und die Radioreagensmethoden, trotz steigender Anwendung bisher eine geringere Verbreitung in der Umweltforschung erfahren. Das liegt zum Teil darin begründet, daß diese Verfahren sich nur in wenigen Fällen für die on-line-Prozeßanalyse eignen und den rauhen Betriebsbedingungen kaum angepaßt sind [385—393]. Auf Grund der hohen Nachweisempfindlichkeit der Radionuklide eignen sich solche Tracer-Analysenverfahren, bei denen die quantitative Bestimmung eines Stoffes anstelle von Wägungen etc. allein durch Aktivitätsmessungen erfolgt, zur Spurenbestimmung [394—402]. Im Prinzip ist das die bereits oben beschriebene Indikator- oder Tracermethode, speziell auf analytische Spurenbestimmungen projiziert.

4.1. *Die Aktivierungsanalyse*

Die Aktivierungsanalyse ist die weitaus bedeutendste und am meisten angewandte radioaktive Methode zur Spurenbestimmung von Isotopen und Elementen. Infolge des hohen Nachweisvermögens lassen sich Multielementbestimmungen leicht und in vielen Fällen zerstörungsfrei durchführen. Deshalb wird die instrumentelle Neutronenaktivierungsanalyse in zunehmendem Maße in der Umweltanalytik eingesetzt [156—196]. Die erreichbaren Nachweisgrenzen sind in Tab. 4 und 5 nach [173] zusammengestellt. Die Aktivierungsanalyse läßt sich zur Spurengehaltsbestimmung in der Atmosphäre, Hydrosphäre und im Boden gleichermaßen gut verwenden. In großem Umfang werden Analysen an atmosphärischen Proben mit vorwiegend anorganischen Elementen bzw. Verbindungen auf Luftfiltern aktivierungsanalytisch durchgeführt [197—249]. Die radiochemische und instrumentelle Neutronenaktivierungsanalyse wird in stark zunehmendem Maße zu Multielementbestimmungen in unterschiedlichsten Gewässern, wie Trinkwasserreservoiren, Fluß-, See- und Meereswässern sowie zur Untersuchung der Sedimentation angewandt [259—311].

Weitere Umweltprobleme, wie die Erfassung von Atomemissionen [312] und die Spurengehaltsbestimmung in festen, insbesondere biologischen Proben sind Gegenstand aktivierungsanalytischer Untersuchungen [313—378]. Den Umfang der Literatur über die Aktivierungsanalyse kann

Tab. 5. Nachweisvermögen der Aktivierungsanalyse mit geladenen Teilchen für einige Elemente

Element	Aktivierungsreaktion	Projektilenergie MeV	Nachweisgrenze in ppb[a])
Li	$^{7}Li(p, n)^{7}Be$	15	19,4
Be	$^{9}Be(^{3}He, n)^{11}C$	20	4,9
B	$^{11}B(p, n)^{11}C$	15	0,2
C	$^{12}C(d, n)^{13}N$	15	0,7
N	$^{14}N(p, \alpha)^{11}C$	15	0,3
O	$^{16}O(^{3}He, p)^{18}F$	20	1,6
F	$^{19}F(p, pn)^{18}F$	15	2,4
P	$^{31}P(\alpha, n)^{34m}Cl$	25	0,4
Ti	$^{48}Ti(p, n)^{48}V$	12	25,7
Ni	$^{58}Ni(p, pn)^{57}Ni$	30	2,6
Cu	$^{63}Cu(p, n)^{63}Zn$	15	0,2
Zn	$^{66}Zn(p, n)^{66}Ga$	12	2,0
Ge	$^{70}Ge(p, n)^{70}As$	12	1,2
Zr	$^{90}Zr(p, n)^{90}Nb$	12	3,1
Nb	$^{93}Nb(p, n)^{93m}Mo$	12	20,0
Tl	$^{203}Tl(d, 2n)^{203}Pb$	22	8,5
Pb	$^{206}Pb(p, n)^{206}Bi$	22	12,9

a) Strahlenintensität = 5 µA, Bestrahlungszeit = $2t_{1/2}$ oder maximal 5 h. Annahme für die Nachweisbarkeit der Indikator-Radionuklide: 0,1 nCi für $t_{1/2} > 30$ min und 0,5 nCi für $t_{1/2} < 30$ min

man daran ermessen, daß allein zur Bestimmung eines einzigen Umweltelementes, des Quecksilbers, rund 300 Veröffentlichungen erschienen sind.

Auch die Indikatoraktivierung erfreut sich zunehmender Beliebtheit, insbesondere zur Markierung in der Atmosphäre [379—384]. So konnten zum Studium der Schadstoffbelastung der bodennahen Atmosphäre genaue Untersuchungen über die Ausbreitung von Aerosolen in Abhängigkeit vom Bewuchs und der Bodenrauhigkeit [379] durch die Entwicklung pyrotechnischer Aerosole — mit leicht aktivierbaren Elementen — ausgeführt werden.

4.2. *Isotopenverdünnungsmethoden*

Der Vorteil, daß man bei den Isotopenverdünnungsanalysen —und das spielt eine wesentliche Rolle bei der quantitativen Bestimmung chemisch sehr ähnlicher Sotffe — den zu bestimmenden Stoff zwar in reiner Form, aber nicht quantitativ abscheiden muß, wirkt sich vorteilhaft in der Umweltanalytik aus. Die Schwierigkeiten der Bestimmung der spezifischen Aktivität, also Aktivität und Masse, können durch Anwendung des substöchiometrischen Prinzips umgangen werden, so daß dann eine echte Mikromethode entsteht [403—407]. Von *Klockow* et al. wurde ein Verfahren zur substöchiometrischen Bestimmung von Sulfatschwefel und Chlorid in der Atmosphäre ausgearbeitet [408]. Unter Verwendung von ^{35}S können nach diesem Verfahren das sich auch für den Routinebetrieb eignet, noch 5 ng/ml quantitativ erfaßt werden. Daß man mittels der substöchiometrischen Isotopenverdünnungsanalyse hohe Nachweisempfindlichkeiten, die denen der Aktivierungsanalyse nicht nachstehen, erreichen kann, zeigt Abb. 2 .

4.3. *Radiorelease-Methoden*

Die Radiorelease-Methoden werden z. Z. nur wenig angewandt, obwohl sie in bezug auf Genauigkeit, Empfindlichkeit und Schnelligkeit der Durchführung ganz hervorragende Eigenschaften aufweisen.

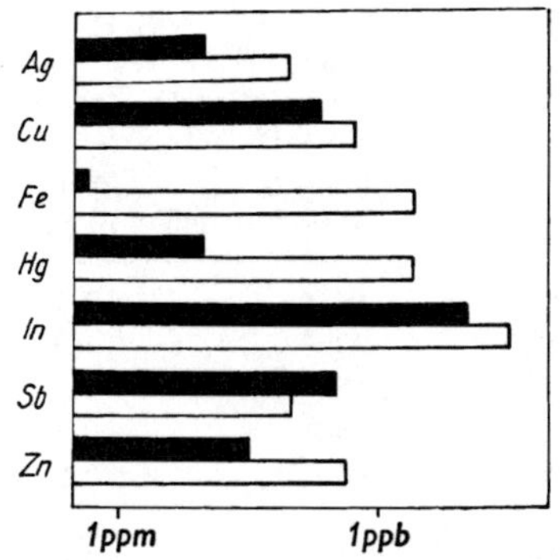

Abb. 2. Vergleich der Nachweisempfindlichkeiten der substöchiometrischen Isotopenverdünnungsanalyse und der Aktivierungsanalyse für ausgewählte Elemente [409]
schwarze Felder = Aktivierungsanalyse
($\Phi = 5 \cdot 10^{11}$ cm^{-2} s^{-1})
leere Felder = Isotopenverdünnungsanalyse

Das Prinzip der Methode beruht darauf, daß von dem zu analysierenden Stoff aus einer radioaktiv markierten Verbindung (sehr häufig ^{85}Kr enthaltende Clathrate [409]) eine äquimolare Menge eines Radionuklids verdrängt wird. Durch Aktivitätsmessung des verdrängten Stoffes (Gases) kann durch Mengenbilanz der zu bestimmende Stoff quantitativ berechnet werden. Auf diese Weise lassen sich Kohlenmonoxid, Kohlenwasserstoffe und Stickoxide in Autoabgasen empfindlich bestimmen. Man verwendet für die einzelnen Bestandteile spezifische Kryptonate: für CO Palladiumchloridkryptonat, für Kohlenwasserstoffe Platinoxidkryptonat und für Stickoxide Hydrochinonclathrat. Auf diesem Wege lassen sich noch 125 ppm CO, 13 ppm Propan und 2 ppm Stickoxid quantitativ erfassen [410].

Es gibt verschiedene Verfahren, SO_2 bzw. SO_3 nach der Radiorelease-Methode zu bestimmen. Die Umsetzung erfolgt nach folgenden Gleichungen [411]:

$$5\,SO_2 + 2\,K^{131}JO_3 + 4\,H_2O \rightarrow K_2SO_4 + 4\,H_2SO_4 + {}^{131}J_2$$

Das Jod-131 kann dann in der Gasphase gemessen werden. Im anderen Falle leitet man das SO_2 durch eine Hg_2Cl_2-Aufschlämmung; dabei bildet sich schweflige Säure, die dann wie folgt weiter reagiert:

$$Hg_2Cl_2 + 2\,SO_3^{2-} \rightarrow [Hg(SO_3)_2]^{2-} + Hg + 2\,Cl^-$$

Man filtriert vom löslichen Quecksilbersulfitkomplex ab und bestimmt das Hg mittels Röntgenfluoreszenzmessung.

Die Kryptonatmethoden verlaufen im allgemeinen sehr rasch (Analysenzeiten < 1 min), wobei man mit einem Kryptonatpräparat von ca. 500 kBq etwa 5000 Analysen durchführen kann [563–570].

Es existieren einige weitere radiochemische Methoden, wie die Methode der konzentrationsabhängigen Verteilung [561] und die Spurenanalyse durch Isotopenaustausch [562], die aber bisher keine größere Bedeutung in der Umweltanalytik erlangt haben.

5. Radiometrische Analysenverfahren

Unter radiometrischen Verfahren wollen wir solche Verfahren zusammenfassen, die auf Schwächung und Streuung von Kernstrahlung sowie Anwendung von Sekundärstrahlung beruhen.

5.1. *Analyse durch Schwächung und Streuung von Kernstrahlung*

Von den β- und γ-Absorptions- und -Streumethoden sind nur wenige Anwendungsbeispiele in der Umweltanalytik bekannt geworden. Das liegt wohl zu einem großen Teil daran, daß diese Methoden wenig elementspezifisch sind und meist eine geringe Nachweisempfindlichkeit haben.

So wurde in einzelnen Fällen die Konzentration von Suspensionen [412] und Sedimentationen mittels Röntgenquellen [413–415] bestimmt. Diese Messungen erfolgten in einem Konzentrationsbereich von 1000–50000 ppm mit einer Genauigkeit von $\pm 10\%$.

Weitere Anwendungsgebiete sind die Schwefelgehaltsbestimmung in fossilen Brennstoffen, Wasser- bzw. Wasserstoffgehaltsbestimmungen usw. durch Neutronenverlangsamung oder Röntgenstrahlabsorption. Durch Strahlenabsorption (vorzugsweise β-Absorption) ist die Bestimmung des Staubgehaltes direkt in der Luft oder nach Absaugen auf einem Filter möglich [416–435]. Solche speziellen Meßgeräte sind heute käuflich zu erwerben.

5.2. *Röntgenfluoreszenzanalyse*

Da die Elementspurenanalyse im Umweltschutz eine ständig steigende Bedeutung gewinnt und neben Luft-, Staub-, Wasser-, und Bodenproben auch Pflanzen- und Blutproben mit hoher Nachweisempfindlichkeit zu analysieren sind, hat von allen radiometrischen Verfahren die Röntgenfluoreszenzanalyse die weitaus größte Bedeutung erlangt.

Man erreicht hier Nachweisgrenzen, die im ppb-Bereich liegen, und kann mittels Halbleiterdetektoren, Vielkanalanalysatoren und K-Kanten-Filtern Multielementanalysen durchführen [436–447].

Auch die Röntgenfluoreszenzanalyse mit Radionuklidanregung hat weite Verbreitung gefunden [448–454]. In den letzten Jahren hat sich die protoneninduzierte Röntgenemissionsanalyse (proton-induced X-ray emission analysis = PIXE) als eine neuartige Methode zur Spurenanalyse einer Reihe von Elementen, die sich in sehr geringen Mengen in sehr kleinen Analysenproben befinden, als Routineanalysenmethode entwickelt. PIXE ist keine universell anwendbare Analysenmethode, kann aber für ungefähr 10–15 Elemente eine hohe Nachweisempfindlichkeit zwischen 10^{-8}–10^{-11} g erreichen [455–459].

5.3. *Ionisationsgasanalyse*

Die Ionisationsgasanalyse beruht auf der elektrischen Leitfähigkeit von Gasen und Dämpfen und deren Ionisation durch Kernstrahlung. Dabei werden die Analysenproben zwischen den Elektroden einer Ionisationskammer durch die Kernstrahlung einer fest in der Kammer eingebauten radioaktiven Strahlenquelle ionisiert. Der in der Ionisationskammer erzeugte Ionenstrom wird z. B. mit einem Elektrometer gemessen. Die Stärke des Ionenstroms hängt bei konstanter Präparatstärke und konstantem elektrischen Feld von der Dichte und insbesondere von der Zusammensetzung der Gase ab.

Die Gasionisations-Analysenverfahren haben sich in den letzten Jahren sehr rasch entwickelt, zeigen nicht immer hohe Selektivität, in speziellen Fällen können aber noch Schadstoffmengen von 10^{-14}–10^{-16} g nachgewiesen werden [460].

Man kennt heute eine Reihe verschiedener Detektionsprinzipien. So lassen sich mittels Edelgasionisationsdetektoren Gase und Dämpfe im Spurenbereich nachweisen.

Die Elektronenanlagerungsdetektoren [475] ermöglichen insbesondere den selektiven Spurennachweis von stark elektronenanlagernden Komponenten wie Pestiziden, schwefelhaltigen und metallorganischen Verbindungen im Mikrogramm- bis ppb-Bereich [461–469]. Ein kontinuierlicher Nachweis von toxischen Komponenten in Luft kann auch durch Derivatbildung bzw. Zersetzung der zu bestimmenden Verunreinigung erfolgen [470–474]. In Aerosolionisationsdetektoren lagern sich Elektronen und Ionen an Aerosolteilchen an. Da die Aerosole im elektrischen Feld sehr langsam wandern und die Ladungsträger rekombinieren, sinkt der Kammerstrom um den Anteil der angelagerten Ladungsträger ab [476–479].

Praktische Bedeutung haben die Ionisationsgasanalysatoren vor allem als Detektoren in der Gaschromatographie erlangt. Infolge des hohen Nachweisvermögens eignen sich diese Methoden aber auch für die Steuerung und Überwachung von Produktionsanlagen und zur Luftüberwachung im Umweltschutz. Neben den obengenannten Substanzen lassen sich toxische Stoffe wie CCl_4, HCl, F, Carbonylverbindungen, Bleitetraäthyl und Organochlorverbindungen hochempfindlich (ppb-Bereich) nachweisen.

6. Strahlenchemische Verfahren zur Beseitigung von Schadstoffen [480–483]

Die Entwicklung der Kernenergetik und damit die Herstellung von Strahlenquellen hat zu einer starken Entwicklung auf dem Gebiet der Strahlenchemie, zumindest forschungsseitig, geführt. So hat es nicht an Versuchen gemangelt, biologische und technische Schadstoffe in Abluft und Abwässern strahlenchemisch abzubauen bzw. zu beseitigen.

In den hochentwickelten Industrieländern ist die Luftverschmutzung durch Kraftwerke, Chemieanlagen, Heizabgase und Autoabgase ein ernstes Problem. In der Atmosphäre geht es vor allem um S- und N-haltige Verbindungen. Trotz intensiver Forschung, insbesondere japanischer Arbeitsgruppen, unter Anwendung unterschiedlichster Strahlenquellen, einschließlich *Cockcroft-Walton*-Beschleunigern, gibt es z. Z. keine ökonomisch arbeitende Anlage. Die japanische Firma Ebera hat mit einer Pilotanlage von 1000 m^3/h Durchsatz Erfahrungen gesammelt.

Um 90% des SO_2 eines Abgases strahlenchemisch zu beseitigen, benötigt man (SO_2-Gehalt 300–900 ppm) bei einer Verweilzeit an der Quelle von 10 s eine Dosisleistung von $\sim 10^4$ Gy/s [484–497]; ganz abgesehen davon, daß bei hohen Strahlendosen in der Luft zusätzlich schwer abbaubare Stickoxide entstehen können [498].

Obwohl es eine Vielzahl von wissenschaftlichen Ergebnissen auf dem Sektor der Abwasserbehandlung durch Kernstrahlung gibt, befindet sich dieses Gebiet international noch in der Erforschung [499–508]. Dabei werden besonders die Abtötung von Bakterien und Mikroorganismen [509–521], der Abbau organischer Moleküle und Chemikalien [522–546] und die Bildung, Sedimentation, Verteilung und Filtrierbarkeit von Bioschlämmen sowie der biologische Abbau von Schadstoffen untersucht [547–560].

Die Abwasserbehandlung wird in ihrem ökonomischen Aspekt in erster Linie vom *G*-Wert bestimmt. Die strahlenchemischen Verfahren gelangen erst dann in den Bereich ökonomischer Anwendbarkeit, wenn es gelingt, z. B. durch gesteuerte Kettenreaktionen den *G*-Wert der sekundären Radikalreaktionen zu erhöhen.

Wenn man einmal grob annimmt, daß 10 kGy absorbierte Strahlungsenergie etwa 200 ppm einer organischen Substanz abbaut, dann benötigt man je nach Abwasser-Durchsatz $\sim 7{,}4 \cdot 10^{17}$ (0,74 E) Bq ^{60}Co, das sind bei 2 M/10 kGy etwa 40 Mill. Mark, d. h., die Strahlenquelle macht mehr als 50% der Gesamtkosten aus. Ob sich andere ökonomische Möglichkeiten, z. B. durch Ersatz des ^{60}Co durch $^{134/137}$Cs (Nuklide mit geringerer Strahlenenergie und längerer Halbwertszeit) oder durch Einsatz von Teilchenbeschleunigern ergeben, ist z. Z. noch nicht klar zu sehen.

Zusammenfassung

Zusammenfassend läßt sich feststellen, daß die isotopentechnischen Verfahren, auf Grund ihrer Spezifität und Leistungsfähigkeit, auch in der Umweltforschung und Umweltanalytik ihren Platz gefunden haben.

In den 60er Jahren war die Isotopenanwendung in der Umweltforschung durch die Traceranwendung und die Neutronenaktivierungsanalyse gekennzeichnet. Diese Methoden haben auch weiterhin an Umfang zugenommen und sind durch methodische Weiterentwicklung zu vielseitigen Spurenmethoden geworden. Obwohl in den letzten Jahren neuere radiochemische und radiometrische Analysenverfahren Eingang in die Umweltforschung gefunden haben, hat die Tracertechnik immer noch den größten Anteil von allen nuklearen Analysenverfahren.

Dabei werden sowohl das Schicksal von markierten Elementen und Verbindungen verfolgt wie auch die markierten Substanzen als Diagnostika verwandt. Im Bereich der Aktivierungsanalyse haben neben der Neutronenaktivierung die Photonenaktivierung, die Aktivierung mit geladenen Teilchen und die Messung der bei der Kernreaktion entstehenden prompten Gammastrahlung neuartige Anwendungen gefunden. Auch die Isotopenverdünnungsmethoden sowie die Radiorelease- und Displacementmethoden sind weiter entwickelt worden, so daß sie zur Umweltanalyse geeignet sind.

Von den radiometrischen Analysenverfahren hat sich bisher nur die Röntgenfluoreszenzanalyse (auch mit Radionuklidanregung) als Analysenmethode bewährt und Verbreitung gefunden. In zunehmendem Maße gewinnen röntgenspektrometrische Methoden zur spezifischen Elementbestimmung Bedeutung.

Eine sehr rasche Entwicklung hat die Ionisationsgasanalyse erfahren. Mittels Ionisationsdetektoren (Elektroneneinfangdetektor, Aerosolionisationsdetektor, Edelgasdetektor etc.) können in Gasen und Dämpfen unterschiedlichste Schadstoffe wie Halogene, organische Halogenverbindungen, Schwefelverbindungen, Bleitetraäthyl und metallorganische Verbindungen im ppb-Bereich und darunter erfaßt werden. Die Anwendung dieser Methoden in der Umweltanalytik erscheint vielversprechend.

Die Verwendung strahlentechnologischer Prozesse zur Sterilisierung von kommunalen Abfällen und Abwässern und zur Entfernung von Schadstoffen wie NO_x und SO_2 aus Abgasen wird eingehend studiert. In diesem Bereich haben besonders japanische Institute und Firmen durch Anwendung von Radionuklidquellen und Elektronenbeschleunigern große Fortschritte erzielt, ohne jedoch bisher den technisch-ökonomischen Durchbruch zu erreichen.

Eingegangen am 7. 7. 1980

Literatur

[1] *K. H. Lieser*, Radiochim. Acta **18** (1972) 115
[2] *K. H. Lieser*, Z. anal. Chem. **263** (1973) 304
[3] *L. Till*, Wissenschaft u. Fortschritt **21** (1971) 404 u. 440
[4] *K. H. Lohs*, Wissenschaft u. Fortschritt **23** (1973) 111
[5] *J. E. Lovelock*, Atmosph. Environment **5** (1971) 403
[6] *V. Schulz*, **RLO-2213-1** (Suppl. 1) (1972); **RLO-2213-1** (Suppl. 13) (1975)
[7] *V. Schulz, F. W. Whicker*, **TID-25650-51** (1975)
[8] *W. B. Gilbey* u. a., J. Radioanal. Chem. **48** (1979) 327
[9] *H. G. Wagner, R. Zellner*, Angew. Chem. **91** (1979) 707
[10] *F. Beran*, Naturwissenschaften **63** (1976) 368
[11] *D. M. Imboden, W. Stumm*, Chimia **27** (1973) 155

[12] *H. Waechter*, VDI-Z. **114** (1972) 225
[13] *D. Henschler*, Angew. Chem. **85** (1973) 317
[14] *H. Berge*, Naturw. Rdsch. **27** (1974) 447
[15] *T. Hügi*, Chimia **33** (1979) 361
[16] *A. Nir*, Radiat. Eng. Acad. Curr., IAEA Wien 1975, **STI/PUB/372**, S. 289
[17] *E. R. Klein, P. D. Klein*, Biomed. Mass. Spektrom. **5** (1978) 425
[18] *A. Takase*, Proc. Jap. Conf. Radioisotopes **10** (1972) 504
[19] *R. DeWitt*, **MLM-2301** (1977)
[20] *A. A. Moghissi, M. W. Carter*, in: Radiotracer Techniques and Applications, Vol. 1, Ed. *E. A. Evans, M. Muramatsu*, Dekker New York 1977, S. 659
[21] *K. K. S. Pillay*, Trans. Am. Nucl. Soc. **23** (1976) 102
[22] *W. A. Jester, K. A. Uhler*, Research Rep. No. 85, The Pensylvania State Univ. 1974
[23] *R. DeWitt*, **MLM-2487** (1978)
[24] *W. Junkermann, W. Rödel, L. Leidner*, Ber. Bunsenges. **82** (1978) 1184
[25] *D. Kuchynka, K. Barton*, Radioisotopy **13** (1972) 111
[26] *M. J. Owers, A. W. Powell*, Atmosph. Environment **8** (1974) 63
[27] *A. A. Gusev, A. G. Topenceva*, Vodosnabž. Sanit. Tech. **1972**, 8, 30
[28] *E. E. Lewin*, **RISO-364** (1978)
[29] *Ch. W. Miller, W. V. Kessler, V. L. Anderson*, Environ. Lett. **10** (1975) 1
[30] *L. Bergstroem*, **STUDSVIK-SM-78-6** (1978)
[31] *E. Roth*, Toxicol. Envion. Chem., Rev. **2** (1979) 313
[32] Isotope ratios as pollutant source and behaviour indicators. Proceed. Ser., IAEA Wien 1975, **STI/PUB/382**
[33] *B. D. Holt*, Progr. Nucl. Energy Anal. Chem. **12** (1975) 11
[34] *B. Manowitz* u. a., Nucl. Tech. Environ. Pollut., Proceed. Symp. 1970, IAEA Wien 1971, S. 223
[35] *P. R. Atkins*, Isot. Radiat. Technol. **8** (1971) 381
[36] *J. S. Kirby-Smith*, **LA-UR-76-1947** (1976)
[37] *P. T. Cunningham, B. D. Holt*, Measurement, detection and control of environmental pollutants. Proceed. Symp., IAEA Wien 1976, **STI/PUB/432**, S. 301
[38] Intern. Atomic Energy Agency Bull. **17** (1975) 48
[39] *E. J. Lehmann*, **NTIS/PS-77/0180** (1977)
[40] *D. M. Cavagnaro*, **NTIS/PS/78/0183** (1978)
[41] *H. Kohler, E. Paul*, Staub-Reinhalt. Luft **3** (1977) 462
[42] *D. M. Cavagnaro*, Air pollution tracer studies in the lower atmosphere (A bibliography with abstracts). NTIS Springfield 1979
[43] *Ch. Gilath*, Int. J. Appl. Radiat. Isot. **28** (1977) 847
[44] *B. D. Kyriazopoulos* u. a., Int. J. Appl. Radiat. Isot. **17** (1966) 563
[45] *E. R. Reiter*, Atmospheric transport processes, Pt. 4: Radioactive tracers. NTIS Springfield 1978
[46] *Ch. Gilath*, Int. J. Appl. Radiat. Isot. **22** (1971) 671
[47] *L. A. Currie, R. B. Murphy*, NBS Spec. Publ. No. 464 (1977) 439
[48] *P. C. Crossley* u. a., Int. J. Appl. Radiat. Isot. **28** (1977) 799
[49] *W. R. Schell, G. Sauzy, B. R. Payne*, J. Geophys. Res. Oceans Atmos. **75** (1970) 2251
[50] *B. Dimitriades*, Isotop. Radiat. Technol. **9** (1971) 63
[51] *L. A. König, M. Winter*, **KFK-1667** (1972)
[52] *P. Povinec, M. Chudy, M. Seliga*, Acta Fac. Rerum Natur. Univ. Comenianae, Phys. **1971**, 11, 91
[53] *J. C. Vogel, I. Uhlitzsch*, Isot. Ratios Pollut. Source Behaviour Indic. Proceed. Symp. 1974. IAEA Wien 1975, S. 143
[54] *J. B. Pauwels* u. a., Staub-Reinhalt. Luft **38** (1978) 47
[55] *K. Spurny, J. Kubalek*, Coll. Czech. Chem. Commun. **36** (1971) 2362
[56] *F. Girardi*, Int. J. Appl. Radiat. Isot. **26** (1975) 267
[57] *M. L. Huertas* u. a., J. Aerosol Sci. **2** (1971) 145
[58] *V. I. Stepčenkov, V. D. Ivanov, V. N. Kiricenko*, **INIS-mf-4566** (1976) 103
[59] *G. Röbig, J. Porstendörfer*, Staub-Reinhalt. **Luft 38** (1978) 48
[60] *O. Ž. Jovanović-Kovačević* u. a., Isotopenpraxis **15** (1979) 288
[61] *W. Alps, W. Kühn*, Atomkernenergie-Kerntechnik **33** (1979) 130
[62] *W. Kühn, W. Alps*, Staub-Reinhalt. Luft **38** (1978) 52
[63] *A. Piatkowski*, Symp. Man his Environ. 1975 Sect. 2, Ed. *J. Walker*, Birmingham 1976, S. 225
[64] *I. L. Karol*, Tr., Inst. Eksp. Meteorol. **1968** (Pub. 1970) 17, 60
[65] *J. D. Few, M. D. Short, M. L. Thomson*, Radiochem. Radioanal. Lett. **5** (1970) 275
[66] *P. E. Wilkniss, D. J. Bressan*, Nucl. Tech. Environ. Pollut. Proceed. Symp. 1970. IAEA Wien 1971, S. 297
[67] *R. Reiter* u. a., **NYO-4061-2** (1970)
[68] *M. Geisse* u. a., **CEA-CONF-2066** (1972)
[69] *G. A. Cowan* u. a., **LA-UR-75-1988** (1975)
[70] *N. A. Matwiyoff* u. a., **LA-UR-74-1643** (1974)
[71] *D. Van As*, Nat. Conf. Technol. Appl. Nucl. Tech., Raad Atoomkrag, Pretoria 1972, P34
[72] *H. L. Dequasie, D. C. Grey*, Amer. Lab. **1970**, Dec. 19 – 22, 24
[73] *H. L. Dequasie, D. C. Grey*, Int. Lab. **1971**, Sept. – Oct., 20
[74] *J. B. Dahl*, Kjemi **28** (1968) 109
[75] Weiterentwicklung von Verfahren zum Nachweis hydrologischer Tracer. **GSF-R-156** (1977) 94
[76] Guidebook on nuclear techniques in hydrology. Techn. Rep. Ser. No. 91, IAEA Wien 1968. **STI/DOC/10/91**
[77] Isotope hydrology 1970. Proceed. Ser., IAEA Wien 1970. **STI/PUB/255**
[78] Isotopes in hydrology. Proceed. Ser. 1966, IAEA Wien 1967. **STI/PUB/141**
[79] Isotope techniques in groundwater hydrology. Proceed. Ser. 1974, IAEA Wien 1974. **STI/PUB/373**
[80] Isotope techniques in hydrology. Vol. I (1957 – 1965), Bibliogr. Ser. No. 32, IAEA Wien 1968. **STI/PUB/21/41**, Vol. II (1968 – 1971), Bibliogr. Ser. No. 41, IAEA Wien 1973. **STI/PUB/21/31**
[81] Laboratory manual on the use of radiotracer techniques in industry and environmental pollution. Techn. Rep. Ser. No. 161. IAEA Wien 1975. **STI/DOC/10/161**
[82] Isotope hydrology 1978, Neuherberg. Proceed. Ser., IAEA Wien 1979. **STI/PUB/493**
[83] *E. Burkhardt, K. Fröhlich*, Bergakademie **22** (1970) 15
[84] *S. W. K. Chick, W. Loveland*, **CONF-771072** (1977) 233
[85] *A. P. Edwards*, **CRREL-SR-78-18** (1978)
[86] *W. I. Ferronski*, Isotopenpraxis **6** (1970) 447
[87] *M. A. Geyh*, Z. Dt. Geol. Gesell. Hydrol. Beiträge 3, **124** (1973) 515
[88] *D. Hebert, H. Jordan, K. Fröhlich*, Z. Angew. Geol. **23** (1977) 571
[89] *P. Hubert* u. a., Compt. Rend. Hebd. Séanc. Acad. Sci., Sér. D: Sci. Natur. **270** (1970) 7, P. D. 908 – 11
[90] *R. L. Jolley*, J. Water Pollut. Control Fed. **47** (1975) 601
[91] *J. D. Mather*, Literatur survey of the use of radioisotopes in groundwater studies, National Environmental Res. Council London 1968
[92] *G. Matthes, A. Pekdeger, H. D. Schulz*, **AED-CONF-78-239-019** (1978)
[93] *H. Moser, F. Neumaier, W. Rauert*, Z. Dt. Gesell. Hydrogeol. Beiträge 3, **124** (1973) 501
[94] *J. Mulders, J. Gilain*, Water Res. **11** (1977) 571
[95] *W. L. Osmin*, **PB-282113** (1977)
[96] *H. Oeschger*, **AED-CONF-1975-390-004** (1975)
[97] *S. M. Rao*, Radiat. Phys. Chem. **11** (1978) 335
[98] Measurement of water flow in closed conduits – Tracer methods – Pt. 7. Transit time method using radioactive tracers. **ISO-2975/VII-1977(E)** (1977)
[99] *H. J. M. Bowen* u. a., J. Radioanal. Chem. **48** (1979) 9
[100] *A. G. Chmiedewski, A. Selecki*, Isotopenpraxis **15** (1979) 276
[101] *R. Christell, R. Kurten, K. Ljunggren*, **STU/72-486-U400A** (1975)
[102] *T. F. Craft* u. a., **ORO-4156-1** (1972); **ORO-4156-2** (1973)
[103] *T. F. Craft, G. G. Eichholz*, Environ. Lett. **9** (1975) 307
[104] *L. E. Doughty*, J. Water Pollut. Contr. Fed. **43** (1971) 937
[105] *P. J. Favarger, J. P. Vernet*, Arch. Sci. **32** (1979) 25
[106] *J. A. Gordon*, J. Water Pollut. Contr. Fed. **49** (1977) 2495
[107] *B. D. Honeyman, R. S. Altmann, P. Kruger*, **CONF-771072** (1977) 276
[108] *R. Kuoppamaki*, Int. J. Appl. Radiat. Isot. **28** (1977) 833
[109] *J. Kuusi* u. a., NORDFORSK, Miljoevardssekr., Publ. **9** (1975) 351
[110] *A. Merz, H. Vogg*, VDI-Ber. **1977** (Publ. 1978) 315, 80
[111] *L. A. Neal, E. C. Tsiroglou*, J. Water Pollut. Contr. Fed. **46** (1974) 247
[112] *H. Rölzer*, Österr. Abwasser-Rundsch., OAR Int. **23** (1978) 5/6, 93
[113] *J. L. Santos* u. a., **IAE-TI-49** (1976)
[114] *G. Schulze-Pillot*, CZ-Chemie-Technik **3** (1974) 165
[115] *B. Usacev, B. Trzilova, D. Chorvat*, Radioisotopy **18** (1977) 543
[116] *J. Zoltek*, Jr., *A. L. Gram*, J. Water Pollut. Contr. Fed. **47** (1975) 79
[117] *B. Gaillard* u. a., Development and control of environmental pollution, Proceed. Symp., IAEA Wien 1976, S. 487
[118] Tracer techniques in sediment transport. Techn. Rep. Ser. No. 145, IAEA Wien 1973
[119] *A. Caillot*, Houille Blanche **25** (1970) 661, **ORNL-tr-2501**
[120] *D. S. L. Chu, C.-F. Pan, I.-L. Cheng*, **IAEA-R-644-F** (1972)
[121] *A. C. Espen* u. a., **BARC/1-277** (1974)
[122] *A. Filip*, Int. J. Appl. Radiat. Isotop. **22** (1971) 331
[123] *A. J. DeGroot* u. a., **IAEA-145** (1973) 151
[124] *A. A. Maestrini*, u. a., **PRNC-135** (1970) 307
[125] *H. Mundschenk*, Deut. Gewässerkd. Mitt. **16** (1972) 164
[126] *O. Sato, M. Kato*, Rep. Inst. Ind. Sci., Univ. Tokyo **27** (1978) 3, 59
[127] *S. Szpilowski, G. Strzelszak, R. Winnicki*, Nukleonika **21** (1976) 603
[128] *H. C. Alexander, F. A. Blanchard, I. T. Takashi*, Am. Chem. Soc., Div. Fuel Chem. Prepr. **19** (1974) 104
[129] Coastal sediment movement studies, Atom **1972**, 193, 201
[130] *K. A. Abood, J. P. Lawler, M. D. Disco*, **NYO-3961-1** (1969)
[131] *P. J. Hanson*, **RLO-1750-81** (1969)
[132] *P. L. Wearn, D. B. Smith*, **AERE-R-6573** (1971)

[133] *S. Carlsson* u. a., Nucl. Tech. Environ. Pollut., Proceed. Symp. 1970. IAEA Wien 1971, S. 361
[134] *J. B. Dahl*, Vann. **12** (1977) 71
[135] *B. A. Fries*, **IAEA-SM-206/39** (1976) 609
[136] *M. Gerrard, F. E. McKinney*, Isotop. Radiat. Technol. 8 (1971) 379
[137] *H. R. Lukens*, **GULF-RT-A-10973** (1972)
[138] *H. Siegel, A. Telfer, E. L. Bastin*, J. Water Pollut. Contr. Fed. **44** (1972) 1637
[139] *F. Korte*, **IAEA-SM-175/55** (1973) 3
[140] Radioisotopes in the detection of pesticide residues. Panel Proceed. Ser., IAEA Wien 1966. **STI/PUB/123**
[141] Nuclear techniques for studying pesticide residue problems. Panel Proceed. Ser., IAEA Wien 1970. **STI/PUB/252**
[142] Radiotracer studies of chemical residues in food and agriculture. Panel Proceed. Ser. 1971, IAEA Wien 1972. **STI/PUB/332**
[143] Isotope tracer studies of chemical residues in food and the agricultural environment. Panel Proceed. Ser., IAEA Wien 1974. **STI/PUB/363**
[144] Origin and fate of chemical residues in food, agriculture and fisheries. Panel Proceed. Ser. 1973, IAEA Wien 1975. **STI/PUB/399**
[145] *S. C. Domir, C. L. Foy*, Pestic. Biochem. Physiol. **9** (1978) 9
[146] *B. W. Bache*, J. Sci. Food Agr. **21** (1970) 169
[147] *N. I. Borisova*, Izotopy v SSSR **47** (1976) 36
[148] *V. S. Gončarov*, Izotopy v SSSR **14** (1969) 20
[149] *W. Kühn*, Atomic Energy Rev. **16** (1978) 619
[150] *C. G. Lamm*, IAEA Bull. **21** (1979) 29
[151] *H. Lippold, W. Ackermann, W. Teske*, Isotopenpraxis **15** (1979) 62
[152] *T. J. D'Souza, S. Cherian*, Nucl. India **16** (1978) 10, 4
[153] *G. G. Still, G. Paulson, D. R. Nelson*, in: Radiotracer Techniques and Applications, Vol. 2, Ed. *E. A. Evans, M. Muramatsu*, Dekker New York 1977, S. 893
[154] *S. R. Upadhyay, A. K. Santikari, K. C. Banerji*, J. Nucl. Agric. Biol. **7** (1978) 131
[155] Effects of agricultural production on nitrates in food and water with particular reference to isotope studies. Panel Proceed. Ser. 1973, IAEA Wien 1974. **STI/PUB/361**
[156] *F. Asaro* u. a., **LBL-6877** (1977) 146
[157] Activation analysis, **PAEC(A) (Suppl. 1)-7332** (1973)
[158] *L. C. Bate, S. E. Lindberg, A. W. Andren*, J. Radioanal. Chem. **32** (1976) 125
[159] *S. K. Bhagat* u. a., J. Water Pollut. Control Fed. **43** (1971) 2414
[160] *A. Chattopadhyay, R. E. Jervis*, Radiochem. Radioanal. Lett. **11** (1972) 331
[161] *A. Chattopadhyay, L. G. I. Bennett, R. E. Jervis*, Can. J. Chem. Eng. **50** (1972) 189
[162] *R. Dams*, **COO-1705-6** (1970)
[163] *R. Darras, S. May, Ch. Engelmann*, Measurement, Detection Control Environ. Pollut., Proceed. Symp., IAEA Wien 1976, S. 339
[164] *M. Dermelj, V. Ravnik, L. Kosta*, Radiochem. Radioanal. Lett. **28** (1977) 231
[165] *D. N. Edgington, H. F. Lucas*, Jr., Nucl. Tech. Environ. Pollut., Proceed. Symp. 1970, IAEA Wien 1971, S. 311
[166] *J. F. Emery, F. E. Dyer*, Nucl. Methods Environ. Res., Proceed. Int. Conf., Ed. *J. R. Vogt*, NTIS Springfield 1974, S. 123
[167] *M. Callorini, E. Orvini*, NBS-Spec. Publ. No. 422 (Vol. 1) (1976) 239
[168] *M. Gallorini, R. R. Grennberg, T. E. Gills*, Anal. Chem. **50** (1978) 1479
[169] *V. P. Guinn, M. A. Purcell, W. W. Wadman*, Meas., Detect. Control Environ. Pollut., Proceed. Symp., IAEA Wien 1976, S. 407
[170] *E. S. Gladney, E. T. Jurney, D. B. Curtis*, Anal. Chem. **48** (1976) 2139
[171] *J. Heinonen, O. Suschny*, J. Radioanal. Chem. **20** (1974) 499
[172] *E. T. Jurney, D. B. Curtis, E. S. Gladney*, Anal. Chem. **49** (1977) 1741
[173] *V. Krivan*, Angew. Chemie **91** (1979) 132
[174] *Y. Kusaka* u. a., J. Radioanal. Chem. **37** (1977) 917
[175] *M. E. McLain*, Jr., *G. W. Leddicotte*, Nucl. Methods Environ. Res., Proceed. Int. Conf., Ed. *J. R. Vogt*, NTIS Springfield 1971, S. 216
[176] *M. M. Lee*, u. a., J. Radioanal. Chem. **37** (1977) 889
[177] *R. Litman, H. L. Finston, E. T. Williams*, Nucl. Methods Environ. Res., Proceed. Int. Conf., Ed. *J. R. Vogt*, NTIS Springfield 1974, S. 81
[178] *G. J. Lutz*, NBS Tech.-Note No. 532 (1970) Pollution analysis: A bibliography of the literature of activation analysis.
[179] *C. E. Norden, D. van As*, Radiochem. Radioanal. Lett. **31** (1977) 109
[180] *E. Orvini, Th. E. Gills, Ph. D. LaFleur*, Anal. Chem. **46** (1974) 1294
[181] *E. Orvini, M. Gallorini*, NBS Spec. Publ. No. 422 (Vol. 2) (1976) 1233
[182] *D. E. Robertson, R. Carpenter*, **NAS-NS-3114** (1974)
[183] *D. E. Robertson, R. Carpenter*, Strategies Mar. Pollut. Monit., Ed. *E. Goldberg*, Wiley New York 1976, S. 93
[184] *P. Schramel, K. Samsahl*, Strahlenschutz Forsch. Prax. **12** (1973) 296
[185] *P. Schramel*, Mikrochim. Acta **1978 I**, 287
[186] *D. W. Sheibley*, Adv. Chem. Ser. **1975**, **141** (Trace Elem. Fuel, Symp. 1973) 98
[187] *P. Schutyser, W. Maenhaut, R. Dams*, Anal. Chim. Acta **100** (1978) 75
[188] *L. Salmon, M. G. Creevy*, Nucl. Tech. Environ. Pollut., Proceed. Symp. 1970, IAEA Wien 1971, S. 47
[189] *L. Salmon*, **AERE-R 7859** (1975)
[190] *N. M. Spyrou, K. Ingle, F. Ozek*, Nucl. Methods Environ. Res., Proceed. Int. Conf., Ed. *J. R. Vogt*, NTIS Springfield 1974, S. 106
[191] *N. M. Spyrou* u. a., Meas., Detect. Control Environ. Pollut., Proceed. Symp., IAEA Wien 1976, S. 151
[192] *N. M. Spyrou, S. A. Kerr*, J. Radioanal. Chem. **48** (1979) 169
[193] *J. F. Terrill*, Jr., Nucl. Tech. Environ. Pollut., Proceed. Symp. 1970, IAEA Wien 1971, S. 81
[194] *P. S. Tjioe, J. J. M. DeGoeij, J. P. W. Houtman*, J. Radioanal. Chem. **16** (1973) 153
[195] *Z. R. Turel, B. C. Haldar*, Radiochem. Radioanal. Lett. **39** (1979) 201
[196] *W. Zmijewska*, J. Radioanal. Chem. **25** (1977) 380
[197] *A. Albini, A. Cesana, M. Terrani*, Energ. Nucl. **23** (1976) 51
[198] *S. Bando, Y. Yamane, Y. Murakami*, Nucl. Tech. Environ. Pollut., Proceed. Symp. 1970, IAEA Wien 1971, S. 169
[199] *M. Daiev, S. Doičinov*, Int. J. Environ. Anal. Chem. **6** (1979) 95
[200] *I. M. Dale, J. H. Duncan, C. McDonald*, Radiochem. Radioanal. Lett. **15** (1973) 77
[201] *R. Dams, K. A. Rahn, J. W. Winchester*, Environ. Sci. Technol. **6** (1972) 441
[202] *R. Dams*, J. Belge Radiol. **54** (1971) 735
[203] *H. A. Das, H. H. de Vries*, **RCN-136** (1971)
[204] *H. A. Das, J. E. Evendijk, J. P. M. De Jong*, J. Radioanal. Chem. **13** (1973) 413
[205] *R. C. McFarland, D. M. Walker, M. E. McLain*, Jr., IEEE Trans. Nucl. Sci. **21** (1974) 503
[206] *J. Frana, A. Mastalka, J. Benes*, Jad. Energ. **22** (1976) 304
[207] *A. Govaerts, R. Gijbels, J. Hoste*, Anal. Chim. Acta **62** (1972) 79
[208] *F. Grass, R. Niesner*, Nucl. Instrum. Methods **151** (1978) 589
[209] *M. Grosch, G. Wolf*, **AED-CONF-77-537-002** (1977)
[210] *P. J. Hewitt*, Ann. Occup. Hyg. **15** (1972) 341
[211] *J. John, V. J. Orphan*, Trans. Amer. Nucl. Soc. **15** (1972) 66
[212] *N. V. Katargin* u. a., Okeanologija **17** (1977) 1022
[213] *W. J. Krause, H. Albrecht*, Int. J. Environ. Anal. Chem. **5** (1977) 35
[214] *O. J. Kronberg, E. Steinnes*, Radiochem. Radioanal. Lett. **21** (1975) 379
[215] *R. A. Kulmatov, A. A. Kist, A. Ch. Kamil'džanov*, Zavod. Labor. **44** (1978) 1356
[216] *J. P. F. Lambert, F. W. Wilshire*, Anal. Chem. **51** (1979) 1346
[217] *F. K. Lepple*, u. a., J. Radioanal. Chem. **37** (1977) 661
[218] *V. Cercasov*, J. Radioanal. Chem. **52** (1979) 399
[219] *W. S. Lyon, J. F. Emery*, Int. J. Environ. Anal. Chem. **4** (1975) 125
[220] *G. L. Fisher* u. a., Environ. Sci. Technol. **13** (1979) 689
[221] *T. Mamuro* u. a., Annu. Rep. Radiat. Cent. Osaka Prefect. **11** (1970) 1
[222] *T. Mamuro, Y. Matsuda, A. Mizohata*, Annu. Rep. Radiat. Cent. Osaka Prefect. **12** (1971) 10
[223] *T. Mamuro* u. a., Annu. Rep. Radiat. Center Osaka Prefect **1** (1972) 1
[224] *T. Mamuro, Y. Matsuda, A. Mizohata*, Annu. Rep. Radiat. Cent. Osaka Prefect **14** (1973) 1
[225] *T. Mamuro*, u. a., Annu. Rep. Radiat. Cent. Osaka Prefect. **14** (1973) 7
[226] *R. F. Tuttle, J. R. Vogt, T. F. Parkinson*, Nucl. Tech. Environ. Pollut., Proceed. Symp. 1970, IAEA Wien 1971, S. 119
[227] *I. Obrusnik*, Nukleon **1976**, 1, 25
[228] *I. Obrusnik, B. Starkova, J. Plazek*, J. Radioanal. Chem. **31** (1976) 495
[229] *I. Ölmez, N. K. Aras*, J. Radioanal. Chem. **37** (1977) 651
[230] *M. Ördögh, L. Kálmán*, **KFKI-75-3** (1975) 3, 1
[231] *A. Owyla, M. Karsai, R. Massoumi*, J. Radioanal. Chem. **34** (1976) 381
[232] *C. Persiani*, Amer. Ind. Hyg. Ass. J. **32** (1971) 573
[233] *K. K. S. Pillay, C. C. Thomas*, Jr., *C. M. Hyche*, Nucl. Technol. **10** (1971) 224
[234] *L. A. Rancitelli, T. M. Tanner*, **BNWL-SA-5610** (1976)

[235] *P. DeRegge* u. a., Meas., Detect. Control. Environ. Pollut., Proceed. Symp., IAEA Wien 1976, S. 43
[236] *N. J. Roberts*, **UCRL-51499** (1974)
[237] *J. J. Rowe, E. Steinnes*, Talanta **24** (1977) 433
[238] *E. R. Samuels, H. M. Quinn*, **RPD-81** (1970)
[239] *G. Shani, A. Haccoun*, Meas., Detect. Control. Environ. Pollut., Proceed. Symp., IAEA Wien 1976. S. 89
[240] *G. Shani, D. Cohen*, Intern. J. Appl. Radiat. Isot. **28** (1977) 672
[241] *P. Schramel, K. Samsahl, J. Pavlu*, J. Radioanal. Chem. **19** (1974) 329
[242] *P. Schutyser* u. a., J. Radioanal. Chem. **37** (1977) 651
[243] *E. Taskaev, D. Apostolov*, J. Radioanal. Chem. **49** (1979) 127
[244] *V. N. Uzljuk* u. a., Metallurg **1979**, 6, 16
[245] *H. Vogg, R. Härtel*, Z. anal. Chemie **267** (1973) 257
[246] *H. Vogg, R. Härtel*, J. Radioanal. Chem. **37** (1977) 857
[247] *P. E. Wilkness, D. J. Bressan, R. E. Larson*, Isotop. Radiat. Technol. **9** (1971/72) 162
[248] *J. W. Winchester*, J. Radioanal. Chem. **19** (1974) 311
[249] *V. Cercasov*, J. Radioanal. Chem. **52** (1979) 399
[250] *S. J. S. Anand*, Radiochem. Radioanal. Lett. **27** (1976) 43
[251] *S. F. Bankert, S. D. Bloom, G. D. Sauter*, Anal. Chem. **45** (1973) 692
[252] *G. Bart, H. R. von Gunten*, Int. J. Environ. Anal. Chem. **6** (1979) 25
[253] *D. M. Bibby, G. Oldham*, J. Radioanal. Chem. **20** (1974) 101
[254] *P. Burba* u. a., Z. anal. Chemie **291** (1978) 273
[255] *F. Bury, J. M. Levert*, Bull. Soc. Chim. Belg. **84** (1975) 663
[256] *W. Calmano*, **AED-CONF-78-274-021** (1978)
[257] *E. J. Catanzaro*, J. Water Pollut. Contr. Fed. **47** (1975) 203
[258] *D. M. Cavagnaro*, **NTIS/PS-78/0039** (1978), **NTIS/PS-78/0040** (1978)
[259] *S. Chakimov, A. Kutbedinov, A. A. Abdullaev*, Radiochimija **20** (1978) 826
[260] *A. Chattopadhyay*, J. Radioanal. Chem. **37** (1977) 785
[261] *J. Chwaszczewska* u. a., **INT 95/I** (1976) S. 39
[262] *H. A. Das* u. a., Radiochem. Radioanal. Lett. **21** (1975) 61
[263] *M. J. Fishman, D. E. Erdmann*, Anal. Chem. **47** (1975) 334
[264] *E. S. Gladney, J. W. Owens*, Anal. Chem. 48 (1976) 2220
[265] *G. Grancini* u. a., J. Radioanal. Chem. **34** (1976) 65
[266] *E. Heuss, K. H. Lieser*, J. Radioanal. Chem. **50** (1979) 289
[267] *A. Hirose, K. Kobori, D. Ishii*, Anal. Chim. Acta **97** (1978) 303
[268] *K. O. Jensen, V. Carlsen*, J. Radioanal. Chem. **47** (1978) 121
[269] *W. A. Jester, K. A. Uhler*, **PB-239348/6GA** (1974)
[270] *L. Karbe, C. Schnier*, **GKSS-76/E/20** (1976)
[271] *A. Kolaszkowski, W. A. Jester*, J. Radioanal. Chem. **16** (1973) 21
[272] *L. Kosta* u. a., J. Radioanal. Chem. **44** (1978) 317
[273] *R. A. Kulmatov, A. A. Kist, V. Garbuzov*, Dokl. Akad. Nauk Uzb. SSR **1976**, 12, 23
[274] *R. A. Kulmatov* u. a., Zavod. Lab. **43** (1977) 42
[275] *J. P. Lacroix, J. P. Agnessens, Ph. Dreze*, Radiochem. Radioanal. Lett. **26** (1976) 45
[276] *K. Lenvik, E. Steinnes, A. C. Pappas*, Anal. Chim. Acta **97** (1978) 295
[277] *K. H. Lieser, V. Neitzert*, J. Radioanal. Chem. **31** (1976) 397
[278] *K. H. Lieser* u. a., J. Radioanal. Chem. **37** (1977) 717
[279] *H.-H. Lin*, Radiochem. Radioanal. Lett. **37** (1979) 327
[280] *K. Ljunggren* u. a., Nucl. Techn. Environ. Pollut., Proceed. Symp., 1970, IAEA Wien 1971, S. 373
[281] *J. B. Luten, H. A. Das, C. I. De Ligny*, J. Radioanal. Chem. **35** (1977) 147
[282] *J. B. Luten*, J. Radioanal. Chem. **37** (1977) 897
[283] *T. Mamuro* u. a., Annu. Rep. Radiat. Center Osaka Prefect. **10** (1969) 21
[284] *R. Massee, H. A. van der Sloot, H. A. Das*, J. Radioanal. Chem. **35** (1977) 157
[285] *K. Motamedi*, **GKSS-76/E/38** (1976)
[286] *G. Pinte* u. a., Analusis **3** (1975) 480
[287] *B. Salbu, E. Steinnes, A. C. Pappas*, Anal. Chem. **47** (1975) 1011
[288] *J. Schmitz, J. Schneider, H. Vogg*, **KFK-1533** (1972)
[289] *J. Schneider, R. Geisler*, Z. anal. Chemie **267** (1973) 270
[290] *C. Schnier, L. Karbe*, Meas., Detect. Control Environ. Pollut., Proceed. Symp., IAEA Wien 1976, S. 415
[291] *H. A. van der Sloot, H. A. Das*, Anal. Chim. Acta **73** (1974) 235
[292] *H. A. van der Sloot, G. D. Wals, H. A. Das*, Anal. Chim. Acta **90** (1977) 193
[293] *H. A. van der Sloot, J. B. Luten*, Meas., Detect. Control. Environ. Pollut., Proceed. Symp., IAEA Wien 1976, S. 453
[294] *H. A. van der Sloot*, **ECN-1** (1976)
[295] *H. A. van der Sloot*, J. Radioanal. Chem. **37** (1977) 727
[296] *S. Specht*, **AED-CONF-73-082-010** (1973)
[297] *T. M. Tanner, L. A. Rancitelli, W. A. Haller*, Water, Air, Soil, Pollut. **1** (1972) 132
[298] *L. L Thatcher*, Nucl. Methods Environ. Energy Res., Ed. *J. R. Vogt*, Columbia 1977, Proceed. Int. Conf. NTIS Springfield 1977 S. 515, **CONF-771072** (1977)
[299] *G. Toth*, Period. Polytech., Chem. Eng. **18** (1974) 3
[300] *Ch.-L. Tseng*, Radiosotopes **25** (1977) 523
[301] *R. D. Vis, H. Verheul*, J. Radioanal. Chem. **25** (1975) 293
[302] *J. N. Weaver* u. a., Water, Air, Soil Pollut. **3** (1974) 327
[303] *H. V. Weiss* u. a., Anal. Chim. Acta **73** (1974) 173
[304] *J. Wijkstra, H. A. van der Sloot*, J. Radioanal. Chem. **46** (1978) 379
[305] *B. F. H. Wiseman, G. M. Bedri*, J. Radioanal. Chem. **24** (1975) 313
[306] *G. T. F. Wong, P. G. Brewer*, Anal. Chim. Acta **81** (1976) 81
[307] *R. Yaghubian, E. Lanzel*, **SGAE-2254** (1974)
[308] *K. Yabe, Y. Takahashi, T. Sato*, Radioisotopes **22** (1973) 59
[309] *N. Yamagata, K. Iwashita, T. Hashimoto*, Koshu Eiseiin Kenkyu Hokoku **24** (1975) 143
[310] *J. J. M. de Goeij*, **CONF-710325-1** (1971)
[311] *S. M. Al-Joburi, S. Szegedi, A. Pázsit*, Radiochem. Radioanal. Lett. **30** (1977) 45
[312] *T. W. Oakes* u. a., J. Radioanal. Chem. **37** (1977) 881
[313] Nuclear activation techniques in the life science. 1978. Proceed. Symp., IAEA Wien 1979, **STI/PUB/492**
[314] *S. J. S. Anand*, J. Radioanal. Chem. **44** (1978) 101
[315] *S. Bando, T. Imahashi*, Bunseki Kagaku **26** (1977) 138
[316] *D. Behne*, Radiochim. Acta **18** (1972) 153
[317] *A. J. Blotcky* u. a., Anal. Chem. **51** (1979) 178
[318] *A. R. Byrne, T. Vakselj*, **IJS-R-617** (1973)
[319] *A. R. Byrne, L. Kosta*, Talanta **21** (1974) 1083
[320] *M. Carlson, R. Litman*, Radiochem. Radioanal. Lett. **35** (1978) 161
[321] *L. T. McClendon*, Trace substances in environmental health, 8. ann. Conf. Columbia 1974. Ed. *D. D. Hemphill*. Columbia 1974, S. 255, **CONF-740696**
[322] *L. T. McClendon*, NBS Spec. Publ. No. **492** (1977) 23
[323] *E. Damsgaard, K. Heydorn*, **RISO-271** (1973)
[324] *E. Damsgaard, K. Heydorn*, **RISO-326** (1976)
[325] *M. Dermlj, V. Ravnik, L. Kosta*, Radiochem. Radioanal. Lett. **24** (1976) 91
[326] *A. Faanhof, H. A. Das*, Radiochem. Radioanal. Lett. **33** (1978) 403
[327] *A. Foldzinska, R. Dyczynski*, J. Radioanal. Chem. **31** (1976) 89
[328] *M. Fujita* u. a., Radioisotopes **25** (1976) 765
[329] *T. E. Gills*, NBS Spec. Publ. No. **492** (1977) 9
[330] *T. E. Gills, M. Gallorini, R. R. Greenberg*, Nucl. Meth. Environ. Energy Research, Proceed. Int. Conf., Columbia 1977, Ed. *J. R. Vogt*, NTIS Springfield 1977, S. 597, **CONF-771072**
[331] *E. S. Gladney* u. a., Anal. Lett. **A11** (1978) 1001
[332] *B. C. Haldar, B. M. Tejam*, J. Radioanal. Chem. **33** (1976) 23
[333] *C. Halvorsen, E. Steinnes*, Z. anal. Chemie **274** (1975) 199
[334] *S. B. Iochel'son, E. I. Juškan*, in: Methods for analysis of environment contamination. Toxic metals and radionuclides. Ed. *F. Ja. Rovinskii*, Atomizdat Moskau 1978, S. 211
[335] *R. E. Jervis, B. Tiefenbach, A. Chattopadhyay*, Can. J. Chem. **52** (1974) 3008
[336] *Y. Kanda, H. Isono*, Bunseki Kagaku **24** (1975) 709
[337] *K. Kasparek* u. a., **AED-CONF-78-274-025** (1978)
[338] *J. I. Kim, S. R. Sunoko*, J. Radioanal. Chem. **16** (1973) 257
[339] *K. Krogner*, **ZfK-312** (1976) 103
[340] *J. Kučera*, Chem. Listy **71** (1977) 785
[341] *J. Kučera*, Radiochem. Radioanal. Lett. **38** (1979) 229
[342] *J. M. A. Lenihan*, Pure Appl. Chem. **44** (1975) 509
[343] *J. M. Lo, J. C. Wei, S. J. Yeh*, Anal. Chim. Acta **97** (1978) 311
[344] *G. J. Lutz, J. S. Stemple, H. L. Rook*, J. Radioanal. Chem. **39** (1977) 277
[345] *S. Mongkolphanta*, **IAEA-R-1138-F** (1977)
[346] *R. A. Nadkarni*, Radiochem. Radioanal. Lett. **19** (1974) 17
[347] *R. A. Nadkarni*, Radiochem. Radioanal. Lett. **19** (1974) 127
[348] *S. Nagatsuka*, Radioisotopes **27** (1978) 690
[349] *R. A. Nadkarni*, Radiochem. Radioanal. Lett. **30** (1977) 329
[350] *H. Nakahara, M. Yanokura, Y. Murakami*, J. Radioanal. Chem. **37** (1977) 839
[351] *S. Niese, W. Wiesner*, Zentralbl. Pharm. Pharmakother., Laboratoriumsdiagn. **117** (1978) 767
[352] *M. Ördögh*, **KFKI-1978-36** (1978)
[353] *M. Ördögh*, J. Radioanal. Chem. **46** (1978) 27
[354] *E. Orvini, R. Delfanti*, Radiochem. Radioanal. Lett. **37** (1979) 199
[355] *K. K. A. Pillay, C. C. Thomas*, Jr., *C. M. Hyche*, J. Radioanal. Chem. **20** (1974) 597
[356] *H. Polkowska-Motrenko, R. Dybczynski*, Radiochem. Radioanal. Lett. **26** (1976) 217
[357] *R. M. Raie, H. Smith*, J. Radioanal. Chem. **48** (1979) 185
[358] *M. Rakovic* u. a., Radiochem. Radioanal. Lett. **24** (1976) 317

[359] *H. Rohde*, **KFK-2201** (1975)
[360] *H. L. Rook, T. E. Gills, G. J.*, NBS Spec. Publ. No. **492** (1977) 20
[361] *R. A. Srapenyants, I. B. Saveliev, J. Radioanal.* Chem. **38** (1977) 247
[362] *A. Suess, H. Staerk*, J. Radioanal. Chem. **37** (1977) 905
[363] *A. Szabo* u. a., Elelmiszerviszgalati Kozl. **23** (1977) 224
[364] *A. Szabo, E. Hódsági, V. Kovács*, Isotopenpraxis **13** (1977) 315
[365] *J. T. Tanner, M. H. Friedman*, J. Radioanal. Chem. **37** (1977) 529
[366] *P. S. Tijoe, J. J. M. De Goiej, J. P. W. Houtman*, J. Radioanal. Chem. **37** (1977) 511
[367] *K. Tomura, N. Ohta*, J. Radioanal. Chem. **34** (1976) 375
[368] *G. Török*, u. a., Proc. Hung. Annu. Meet. Biochem. **18** (1978) 221
[369] *I. Valente, M. J. Minski, H. J. M. Bowen*, J. Radioanal. Chem. **45** (1978) 417
[370] *N. I. Ward, D. E. Ryan*, Anal. Chim. Acta **105** (1979) 185
[371] *W. Wiesener, W. Grund*, Isotopenpraxis **14** (1978) 147
[372] *R. Zielkowski, K. Bächmann*, Z. anal. Chemie **290** (1978) 143
[373] *W. Zmijewska*, Radiochem. Radioanal. Lett. **21** (1975) 91
[374] *W. Zmijewska*, Chem. Anal. **21** (1976) 853
[375] *M. Dermelj* u. a., Nucl. Meth. Environ. Energy Res., Proc. Int. Conf., Ed. *J. K. Vogt* NTIS Springfield 1977, S. 161, Radiochem. Radioanal. Lett. **41** (1979) 149
[376] *S. Meloni*, u. a., **CONF-771072** (1977) 161
[377] *E. S. Gladney, D. R. Perrin*, Anal. Chem. **51** (1979) 2015
[378] *G. D. Kanias, S. M. Philianos*, J. Radioanal. Chem. **52** (1979) 389
[379] Verfahren zur Markierung von pyrotechnisch erzeugten Luftkolloiden mit einem leicht aktivierbaren Tracer. **DAS 2545408** (1978)
[380] *Y. S. Ahum, W. D. Loveland, E. W. Heewson*, **RLO-2227-T7-28** (1974)
[381] *J. B. Dahl, E. Steinnes, J. Thomassen*, Nucl. Tech. Environ. Pollut., Proceed. Symp. 1970, IAEA Wien 1971, S. 283
[382] *W. Kühn, W. Alps*, Atomkernenergie **25** (1975) 72
[383] *P. Guerin* u. a., Nucl. Tech. Environ. Pollut., Proceed. Symp. 1970, IAEA Wien 1971, S. 267
[384] *O. Johansen, E. Steinnes*, Int. J. Appl. Radiat. Isot. **27** (1976) 163
[385] *H. Denzinger*, Dissertation: Die Anwendung radiochemischer Tracermethoden zur Bestimmung einiger Spurenstoffe in der Atmosphäre. Univ. Freiburg 1975
[386] *H. L. Finston*, **COO-3126-26** (1974)
[387] *T. Florkowski*, Zesz. Nauk. Akad. Gorn.-Hutn., Krakow, Zesz. Spec. **32** (1972) 143
[388] *T. Nascutiu*, Chim. Anal. **1973**, **1**, **65**
[389] *J. Pruzinec*, Ochr. Ovzdusi **8** (1976) 5, 77
[390] *E. Roth*, Toxicol. Environ. Chem. Rev. **2** (1979) 313
[391] *T. Shigematsu*, Kagaku **31** (1976) 62
[392] *A. Travesi*, Energ. Nucl. **21** (1977) 105, 53
[393] *I. E. Zimakov*, Acta Vet. Acad. Sci. Hung. **26** (1977) 65
[394] Mercury contamination in man and his environment. Techn. Rep. Ser. No. 137. IAEA Wien 1972. **STI/DOC/10/137**
[395] *V. A. Alekseenko, N. G. Skvorcev, E. V. Venicianov, Ž.* Prikl. Chim. **48** (1975) 1001
[396] *Forrest, J., L. Newman*, Anal. Chem. **49** (1977) 1579
[397] *R. L. Jolley*, Environ. Lett. **7** (1974) 321
[398] *H. J. Kramer*, **ORNL-tr-4093**, Dissertation, TH Darmstadt
[399] *O. R. Noyes, M. K. Hamdy, L. A. Muse*, J. Toxicol. Environ. Health **1** (1976) 409
[400] *J. Stary, K. Kratzer*, Int. J. Environ. Anal. Chem. **2** (1972) 79
[401] *D. C. Stuart*, Anal. Chim. Acta **96** (1978) 83
[402] *C. G. Taylor, J. Waters*, Analyst **97** (1972) 533
[403] *W. J. Mayer, D. C. Lechman, D. G. Beyerlein*, Intern. J. Appl. Radiat. Isot. **26** (1975) 233
[404] *C. L. Branquinho, V. J. Robinson*, J. Radioanal. Chem. **24** (1975) (1975) 321
[405] *W. Van der Mark, J. A. Das*, J. Radioanal. Chem. **23** (1974) 7
[406] *C. Stevens, F. Baral, H. Nguyen*, **CEA-CONF-3347** (1975)
[407] *W. Tsang, S. P. Wasik*, J. Chromatog. Sci. **9** (1971) 567
[408] *D. Klockow* u. a., Chem.-Ing.-Techn. **46** (1974) 831
[409] *J. Tölgyessy, S. Varga*, Nuclear Analytical Chemistry, Vol. 2, Univ. Park Press Baltimore 1972
[410] *P. Goodman, T. Donahne*, **NYO-4069-1** (1970)
[411] *H. H. Ross, W. S. Lyon*, Radiochemical Methods of Analysis, Vol. 2, Proceed. Symp. Salzburg 1964. IAEA Wien 1965, S. 285
[412] *J. Papadopoulos, C. A. Ziegler*, Radioisotope instruments in industry and geophysics, Proceed. Symp., Warsaw 1965, IAEA Wien 1966, S. 381
[413] *C. E. Murphree* u. a., J. Hydraul. Div. Am. Soc. Civil Eng. **94** (1968) 515
[414] *J. R. McHenry* u. a., Isotopes in Hydrology, Proceed. Symp. 1966, IAEA Wien 1967, S. 207
[415] *J. R. McHenry* u. a., Water Resources Research **6** (1970) 538
[416] Particle size analysis in estimating the significance of airborne contamination, Tech. Rep. Ser. No. 179, IAEA Wien 1978
[417] Kontinuierliche Messung der Staub- und Gas-Emission, Vulkan-Verl. Dr. W. Classen, Haus der Technik Essen, Heft 71
[418] Particulate mass analyzer based on beta radiation, Chem. Engng. **80** (1973) 3 ,44
[419] Radiometrischer Emissions-Staubmonitor, Chem. Industrie **25** (1973) 222
[420] *P. van Acker, R. Dams*, Staub-Reinhalt. Luft **38** (1978) 5
[421] *S. Dalager*, Atmos. Environ. **9** (1975) 369
[422] *H. Dresia, F. Spohr*, Ochr. Ovsdusi **2** (1970) 12, 186
[423] *H. Dresia, R. Mucha*, Staub-Reinhalt. Luft **34** (1974) 125
[424] *H. Dresia, F. Spohr*, Staub-Reinhalt. Luft **38** (1978) **431**
[425] *J. Flattau*, Pr. Cent. Inst. Ochn. Pracy **20** (1970) 311
[426] *J. Flattau, K. Rutkowska*, Pr. Cent. Inst. Ochr. Pracy **21** (1971) 301
[427] *W. Geipel*, Umwelt **1978**, 430
[428] *A. Jansson, P. Grennfelt*, **IVL-B-193** (1974)
[429] *A. Kosmowski*, CZ-Chemie-Technik **4** (1975) 189
[430] *L. Krohne*, Umwelt **1** (1971) 5, 59
[431] *K. Lebecki* u. a., Przegl. Gorn. **32** (1976) 260
[432] *P. Lilienfeld*, **AED-CONF-75-290-001** (1975)
[433] *J. Liniecki, E. Wiecek, T. Domanski*, Med. Pracy **21** (1970) 608
[434] *I. Mejer*, Pomiary Autom. Kontrola **22** (1976) 5
[435] *G. J. Sem, J. A. Borgos*, Staub-Reinhalt. Luft. **35** (1975) 5
[436] *K. H. Bothe*, Tech. Umweltschutz **15** (1976) 208
[437] *P. Burba, K. H. Lieser*, Z. anal. Chemie **297** (1979) 374
[438] *W. J. Carter*, **ORNL-TM-4669** (1974)
[439] *P. Clechet* u. a., Analusis **5** (1977) 366
[440] *E. Dejmkova, P. Schiller*, Chem. Listy **72** (1978) 364
[441] *H. R. DuBois, G. M. Sharma*, Anal. Chem. **51** (1979) 1702
[442] *T. G. Dzubay*, X-ray fluorescence analysis of environmental samples, Ann Arbor Sci. Publ. Ann Arbor 1977
[443] *H. Hellmann*, Z. anal. Chemie **289** (1978) 25
[444] *B. Holynska, K. Bisiniek*, J. Radioanal. Chem. **31** (1976) 159
[445] *J. Jagielak, K. Marnont-Ciesla*, J. Radioanal. Chem. **52** (1979) 461
[446] *Y. Matsuda, T. Mamuro*, J. Radioanal. Chem. **36** (1977) 209
[447] *J. S. Payne*, Anal. Instrum. **11** (1973) 157
[448] *T. Florkowski, St. Piorek*, Nukleonika **19** (1974) 891
[449] *M. Gallorini* u. a., J. Radioanal. Chem. **34** (1976) 135
[450] *H. Meier* u. a., Mikrochim. Acta **I 1975**, 505
[451] *H. Meier, E. Unger*, J. Radioanal. Chem. **32** (1976) 413
[452] *S. Piorek*, Freiberg. Forschungsh. C **1976**, 318, 107
[453] *J. R. Rhode, A. H. Pradzynski, R. D. Sieberg*, **ORO-4205-1** (1975)
[454] *R. Spatz, K. H. Lieser*, Z. anal. Chemie **280** (1976) 197
[455] *T. B. Johansson* u. a., J. Radioanal. Chem. **32** (1976) 207
[456] *T. C. Chu* u. a., J. Radioanal. Chem. **36** (1977) 195
[457] *G. Desaulniers* u. a., Int. J. Appl. Radiat. Isot. **30** (1979) 261
[458] *B. M. Gordon, H. W. Kramer*, **BNL-16182** (1971)
[459] *P. Horowitz, L. Grodzins*, Science **189** (1975) 795
[460] *J. W. Leonhardt* u. a., Atomic Energ. Rev. **16** (1978) 247
[461] *P. Popp*, Dissertat., Karl-Marx-Universität Leipzig 1970
[462] *J. E. Lovelock, N. L. Gregory*, Proc. 3rd Int. Symp. Gas Chromatography, Academic Press New York 1962, S. 219
[463] *S. G. Perry*, J. Chromatogr. **24** (1966) 32
[464] *C. Morgenstern, H.-K. Bothe, P. Popp*, Anaesthesist **15** (1966) 194
[465] *V. V. Bražnikov, U. J. Sakodynski*, J. Chromatogr. **66** (1972) 361
[466] *A. Lawson, H. G. McAdie*, J. Chromatogr. Sci. **8** (1970) 731
[467] *M. Kilarska*, Chem. Anal. **15** (1970) 953
[468] *B. J. Gudzinowicz*, Analysis of pesticides, Jarrell-Ash Co. Waltham, Mass. 1965, S. 7
[469] *S. H. Curry*, Anal. Chem. **40** (1968) 1251
[470] *J. Seth*, J. Chromatogr. **38** (1968) 139
[471] *C. F. Poole, E. D. Morgan*, J. Chromatogr. **115** (1975) 587
[472] *H. J. van der Molden, F. H. de Jong, B. A. Cooke*, Clin. Chim. Acta **34** (1971) 169
[473] *O. Grubner, A. S. Goldin*, Anal. Chem. **45** (1974) 944
[474] *D. T. Williams*, J. Assoc. Off. Anal. Chem. **59** (1976) 32
[475] *E. Broś* u. a., Meas., Detect. Control Environ. Pollut., Proceed. Symp., IAEA Wien 1976, S. 259
[476] *A. R. Morris, R. von Heine-Geldern*, Rep. **BRD-PS-1086460** (1958)
[477] *E. Engelhardt*, **ATM-362** (1966) R-45
[478] *H.-J. Grosse*, Acta. IMEKO 3, Measurement and Instrumentation, Acad. Kiado Budapest 1973, B-609
[479] *P. Adler, H.-K. Bothe, W. Drechsler*, Chem. Technik **3** (1968) 162
[480] Radiation for a Clean Environment. Proceed. Symp. München 1975, IAEA Wien 1975
[481] *P. J. van den Broek*, Treat. Pollut. Ioniz. Radiat., Bibliogr. 1970 – 1974. Ed. *P. J. van den Broeck*, Inst. Natl. Radioelem. Mol 1974, S. 27
[482] *F. S. Feates, D. Georges*, **IAEA-SM-194/405** (1975)
[483] *T. Sunada, S. Kinoshita*, Genshiryoku Kogyo **22** (1976) 6, 43 u. 7, 72

[484] Pollution control: Treating combustion gas with radiation, Nucl. News **16** (1973) 8, 84
[485] System for the removal of particulate matter from industrial gaseous wastes, **Neth. Pat. Doc. 7402009** (1974)
[486] *R. B. Baranova* u. a., **Ger. Offen. 2442748** (1976)
[487] *S. Machi, K. Kawamura*, Genshiryoku Kogyo **19** (1973) 10, 25
[488] *S. Machi*, Nippon Aisotopu Kaigi Hobunshu **11** (1973) 213
[489] *K. Kawamura, S. Aoki*, **Japan. Kokai 7317,471** (1973)
[490] *S. Machi*, Genshiryoku Kogyo **19** (1973) 5, 16
[491] *K. Nishimura* u. a., J. Nucl. Sci. Technol. **16** (1979) 596
[492] *C. M. Schmidt*, **Ger. Offen. 2154152** (1973)
[493] *N. Suzuki* u. a., J. Nucl. Sci. Technol. **15** (1978) 597
[494] *N. Suzuki* u. a., J. Nucl. Sci. Technol. **16** (1979) 278
[495] *O. Tokunaga* u. a., Radiat. Phys. Chem. **11** (1978) 117
[496] *M. Washino*, u. a., Radiat. Clean Environ., Proceed. Symp. München 1975. IAEA Wien 1975, S. 633, **STI/PUB/402**
[497] *R. Wiesböck, E. Priksch*, Kerntechnik **18** (1976) 390
[498] *H. Drawe*, Chemiker-Ztg. **101** (1977) 425
[499] *P. I. Dolin, V. N. Šubin*, Radiacionnaja očistka vody, Nauka Moskau 1973
[500] *R. V. Džagacpanjan, A. I. Geršenovič, M. Filippov*, Ž. Vses. Chim. Obščest. **17** (1972) 177
[501] *C. L. Gallien, C. Levaillant*, 2. Intern. Conf. ESNA working group on waste irradiat., Uppsala 1977, **INIS-mf-4220** (1977) 13
[502] *H. Herrnhut, U. Marsch, E. Bosshard*, **INIS-mf-3664** (1977) 200
[503] *J. Hoigne*, Radiat. Clean Environ., Proceed. Symp. München 1975. IAEA Wien 1975, S. 219. **STI/PUB/402**
[504] *S. Machi*, Genshiryoku Kogyo **17** (1971) 8, 26
[505] *A. I. Mytelka*, Isot. Radiat. Technol. **8** (1971) 444
[506] *M. Nenadovic, O. Miscic, O. Gal*, Hem. Ind. **28** (1974) 217
[507] *L. I. Petrenko*, Atomn. Techn. za Rubežom **1973**, 7, 19
[508] *N. A. Vysockaja, V. S. Žicharev*, Chim. Technol. **1973**, 45
[509] *D. S. Ballantine*, Isotop. Radiat. Technol. 8 (1971) 415
[510] *P. van den Broeck, W. Schietecatte*, **IRE-6/1974** (1974)
[511] *C. Cappadona* u. a., Radiat. Clean Environ., Proceed. Symp. München 1975. IAEA Wien 1975, S. 265, **STI/PUB/402**
[512] *F. N. Case* u. a., Isotop. Radiat. Technol. **9** (1971) 101
[513] *M. Gerrard*, Isot. Radiat. Technol. **8** (1971) 435
[514] *E. Gilbert, H. Guesten*, KFK-Nachrichten **6** (1974) 3, 10
[515] *S. Hashimoto, W. Kawakami*, Ind. Eng. Chem. Proc. Des. Dev. **18** (1979) 269
[516] *W. C. Hay*, Radiat. Clean Environ., Proceed. Symp. München. IAEA Wien 1975, S. 433, **STI/PUB/402**
[517] *M. L. Makaročkina* u. a., Chim. Prom-st. **1974**, 827
[518] *D. D. Woodbridge* u. a., Radiat. Clean Environ., Proceed. Symp. München. IAEA Wien 1975, S. 169, **STI/PUB/402**
[519] *D. D. Woodbridge, W. R. Garrett, P. C. Cooper*, Water Sewage Works **122** (1975) 3, 38
[520] *D. A. O'Sullivan*, Chem. Eng. News **53** (1975) 34, 30
[521] *N. E. Nielson*, Radiat. Clean Environ., Proceed. Symp. München. IAEA Wien 1975, S. 73, **STI/PUB/402**
[522] *A. N. Amel'kina* u. a., Probl. Obogašč. Tverd. Goryč. Iskop. **5** (1976) 88
[523] *R. G. Aršakuni* u. a., Chim. Vysč. Energ. **5** (1971) 536
[524] *L. M. Coffman, D. D. Woodbridge*, Bull. Environ. Contam. Toxicol. **11** (1974) 461
[525] *D. M. J. Compton*, Isot. Radiat. Technol. **8** (1971) 453
[526] *T. F. Craft, R. D. Kimbrough, C. T. Brown*, **PB-244388** (1975)
[527] *P. I. Dolin* u. a., Vodosnabž. Sanit. Techn. **1973**, 8, 10
[528] *P. J. Geue*, **AAEC LIB/BIB-395** (1973)
[529] *E. Gilbert, H. Güsten*, Vom Wasser **41** (1973) 359
[530] *E. Gilbert, H. Güsten*, **KFK-1969-UF** (1974) 104
[531] *E. Gilbert*, **INIS-mf-3664** (1976)
[532] *M. Kumakura, I. Kaetsu*, Int. J. Appl. Radiat. Isot. **30** (1979) 139
[533] *T. Kubodera, T. Muto, T. Yammamoto*, Yukagaku **27** (1978) 838
[534] *L. M. Makaročkina*, u. a., Chim. Prom-st. **1974**, 501
[535] *G. Meshitsuka, J. Nakano*, Appl. Polym. Symp. 1976, 28 (Proc. Cellul. Conf., 8th, 1975, Vol. 3) S. 1321
[536] *R. D. Morris, T. F. Craft*, Int. J. Appl. Radiat. Isotop. **24** (1973) **245**
[537] *A. I. Mytelka, R. M. Manganelli*, **U. S. 3,553,080** (1971)
[538] *M. Piatrik* u. a., Radiochem. Radioanal. Lett. **40** (1979) 257
[539] *D. M. Rohrer, D. D. Woodbridge*, Bull. Environ. Contam. Toxicol. **13** (1975) 31
[540] *D. M. Rohrer*, Radiat. Clean Environ., Proceed. Symp. München, 1975. IAEA Wien 1975, S. 241, **STI/PUB/402**
[541] *K. Sato, K. Takimoto, S. Tsuda*, Environ. Sci. Technol. **12** (1978) 1043
[542] *T. Sawai*, Genshiryoku Kogyo **19** (1973) 10, 29
[543] *W. V. Sherman*, Nature **232** (1972) 118
[544] *T. Sunada*, Genshiryoku Kogyo **19** (1973) 10, 33
[545] *M. Tezuka, S. Okada, O. Tamemasa*, Radioisotopes **27** (1978) 306
[546] *L. Vollner, H. Rohleder, F. Korte*, Radiat. Clean Environ., Proceed. Symp. München 1975. IAEA Wien 1975, S. 296, **STI/PUB/402**
[547] *H. Herrnhut*, Maschinenmarkt **81** (1975) 2045
[548] *R. H. Andrews, M. B. Fielding*, Isotop. Radiat. Technol. 8 (1971) 451
[549] *J. R. Brandon, G. L. Langley*, **SAND-75-0168** (1976)
[550] *P. Fluri*, Schweiz. Techn. Z. **75** (1978) 165
[551] *M. Gerrard*, Isotop. Radiat. Technol. 8 (1971) 429
[552] *W. Hegemann, W. Günthert*, **AED-CONF-76-189-002** (1976)
[553] *W. Hegemann*, **AED-CONF-76-125-001** (1976)
[554] *A. F. Groneman*, Radiat. Clean Environ., Proceed. Symp. München 1975. IAEA Wien 1975, S. 491, **STI/PUB/402**
[555] *T. Lessel, H. Moetsch, E. Henning*, Radiat. Clean Environ., Proceed. Symp. München 1975. IAEA Wien 1975, S. 447
[556] *A. Rosopulo* u. a., Radiat. Clean Environ., Proceed. Symp. München 1975. IAEA Wien 1975, S. 535. **STI/PUB/402**
[557] *A. Süß* u. a., Kerntechnik, **16** (1974) 65
[558] *A. Süß, T. Lessel*, Int. J. Radiat. Phys. Chem. **9** (1977) 353
[559] *H. D. Sivinski*, **SAND-74-5415** (1974)
[560] *W. C. Remini, E. J. Wahlquist, H. D. Sivinski*, **ERDA-77-17** (1977)
[561] *H.-F. Gian, S.-L. Tong*, Anal. Chim. Acta **89** (1977) 151
[562] *M. N. Skripnik, E. V. Leontovic*, Chim. Technol. **1971**, 5, 55
[563] *P. Goodman*, Amer. Lab. **3** (1971) 11, 37
[564] *P. Goodman*, Highw. Res. Rec. **412** (1972) 9
[565] *M. M. Naoum, J. Pruzinec, J. Tölgyessy*, Radiochem. Radioanal. Lett. **17** (1974) 87
[566] *J. Pruzinec, J. Tölgyessy*, Zb. Pr. Chemickotechnol. Fak. SVST 1973 – 1974 (Pub. 1977) 123
[567] *J. Pruzinec, M. Harangozo*, Z. Pr. Chemickotechnol. Fak. SVST 1975 – 1976 (Pub. 1978) 111
[568] *J. Pruzinec*, Chem. Listy **69** (1975) 610
[569] *J. Pruzinec, J. Tölgyessy, St. Varga*, **Czech. 165, 192** (1976)
[570] *E. H. Klehr* u. a., Isotopenpraxis **14** (1978) 393
[571] *M. M. Naoum* u. a., J. Radioanal. Chem. **25** (1975) 129

Originalarbeiten

Gamma-Activation Installation for Fast Determination of Gold and Its Accompanying Elements in Ore Samples*)

Yu. N. Bourmistenko

(VNII Radiatsionnoy Tekhniki, Moscow, USSR)[1])

An equipment for the automatical determination of gold in 500 g samples of ores consisting of a 8 MeV linear electron accelerator, sample transport system and a spectrometer with two 150 mm × 100 mm NaI(Tl) detectors is described.

Keywords

activation analysis; gamma radiation; gamma spectroscopy; gold; measuring systems; ores

When prospecting and mining gold ore deposits which as a rule are characterized with extremely irregular distribution of gold in ores it is necessary to fulfil sampling in large volumes for the exact contouring of ore bodies.

Till now the sample analysis in mines of gold ore deposits has been carried out with the fire assay method. This method has a number of serious shortcomings, that is, it is not so fast as an analysis run takes much time and the complex mechanical treating is to be made before the analysis. At the gold ore mines of high efficiency in which the sampling is carried out in very large volumes (some hundred thousands of samples per year) a serious problem is the providing of the mechanical preparation of samples and the fulfilment of the analysis.

In order to solve the problem of fast high-efficient gold analysis of samples the specialists of VNIIRT (All-Union Research Institute of Radiation Engineering) proposed to use gamma-activation method [1–3]. It is based on the principle of activation of samples with high energy gamma-radiation from a high-current linear electron accelerator and further measurement of induced gamma-activities of samples. When high energy gamma-rays interact with nuclei of gold there occurs a nuclear reaction $^{197}Au(\gamma, \gamma')$ ^{197m}Au. The reaction product with the half-life 7.2 s is an isomer of the gold nucleus and emits gamma-rays with energy of 279 keV.

In comparison with other instrumental analysis methods the proposed method has the following advantages:

1. Fast analysis and its high yield conditioned by small half-life of the gold isomer. The duration of an analysis is less than 1 min.
2. High sensitivity of the analysis. It is provided owing to using a linear accelerator having high intensity radiation as well as scintillation detector units of large volumes for measuring the induced activity.
3. High representativity of the analysis conditioned by the fact that activating and measured radiations have large penetrating powers. It allows samples of large weights to be used for analysis which finally simplifies requirements for the mechanical treating of samples.
4. High selectivity of the analysis. When gamma-rays have energies less than 8 MeV, a small number of elements are activated, the energies of gamma-radiations and half-lives of the excited nuclei being considerably different. It permits the gamma-radiation of the gold isomer to be discriminated against the background of gamma-radiations of the other element isomers.

Before gamma-activation nuclear analytical installation was created there had been carried out research studies. At that stage the following problems were solved: the selection of the analysis optimum modes, the optimization of the irradiation geometry and measurement of the induced activity, the establishment of the technical requirements for the electron accelerator required for realization of the proposed method. The calculated results of the optimum time analysis modes showed that the highest sensitivity of the gold determination was attained when times of irradiation, exposure and measurement were 15,3 and 15 s correspondingly. When considering curves of the outputs of gold and other element isomers as a function of the energy of the activating gamma-radiation it was shown that for gamma-activation gold determination using the reaction (γ, γ') the end point energy of the bremsstrahlung 8 MeV was optimum. Besides for providing the threshold of gold determination 5×10^{-5} w/o the calculated value of the average current of the accelerated electrons was about 1 mA.

There has been fulfilled a large run of works on the optimization of the sample irradiation geometry and measurement of the induced activity. Studying the angular distribution of the bremsstrahlung from the thick targets and calculating the gamma-activation of the extended media allowed the induced activity distribution for samples of large volumes both in the radial and azymuth direction to be evaluated [4, 5]. Using these data it was proposed a new unique geometry of the sample irradiation and measurement of the induced activity during the gamma activation analysis. It may be specified as follows. A substance to be analyzed is put into the container having the form of a cylinder the diameter of which is essentially more than its height. During the irradiation the container is placed at the minimum distance from the target so that the beam axis should be perpendicular to the cylinder axis. In order to provide the material uniform activation the container is rotating about its axis during the irradiation. The container optimum sizes in relation to the irradiation with the bremsstrahlung having the point energy of 8 MeV are equal to 100 mm in diameter by 40 mm in height. During the induced activity measurement the container is placed be-

*) Vortrag, gehalten auf der 2. Tagung „Nukleare Analysenverfahren", März 1979, Dresden

[1]) Anschrift: UdSSR-115230 Moskau, Warschauer Chaussee

tween two monocrystals of sodium iodide with sizes 150 mm ∅ × 100 mm which are in combination with the photomultipliers. The proposed geometry allowed the activation analysis of the geological samples of weights about 500 g to be carried out which essentially decreased consuming labour and increased the efficiency of the sample preparation.

The proposed method was experimentally checked using a model of the activation complex installation comprising the linear accelerator ЛУЭ-8-5. Samples of ores from different gold ore deposits were used as objects to be analyzed. The obtained results showed that the analysis modes had been chosen correctly and confirmed the calculated values of the accelerator parameters. When the accelerated electron energy was 8 MeV and the average current was 700 μA the threshold of the gold determination was 5×10^{-5}%. The evaluation of the possibility of determining other elements in ores was made. The experiments were carried out under conditions which approached the production ones as maximum as possible. This allowed problems of the work organization to be considered all in details. The results of the above experimental studies are published [6]. In the course of the works having been fulfilled there were obtained rather convincing data which confirmed preliminary calculations and served as a basis for the developmend and construction of the gamma-activation installation for the sample analysis to determine gold content.

When projecting and developing the gamma-activation installation the main purpose was to secure the maximum economical effect after its commercialization. There were thoroughly studied the problems of the sample analysis in a system of the technological process for mining and processing gold-bearing ores, advantages and shortcomings of the traditional analysis methods, experience of work of operating laboratories of activation analysis which allowed all automatic nuclear analytical installation to be created [7] the said installation being capable to meet the needs in analysis for a large mining plant.

The gamma-activation installation consists of the following components:

1. an activation source;
2. a sample transfer system;
3. a gamma-spectrometer;
4. control and information processing units;
5. information input and output devices.

As an activation source there is used the high-current linear electron accelerator of ЛУЭ-8-5 type in the installation. When the energy is 8 MeV this accelerator provides the accelerated electron average current about 700 μA. The feature of the accelerator is in its high stability and reliability in functioning, its simplicity in operation.

The sample transfer system is based on the principle of successive feeding samples under the action of their own weights upon positions for weighing, irradiation, measurement and storage. Accordingly all units of the transfer system are installed in the three floors of the laboratory building in the vertical direction. Ore samples packed in polyethylene containers (the weight of the analyzed material is about 500 g) are placed in a cassette which is a cylindrical drum with vertical channels put on a small cart. Each channel can include 6 samples: a standard one and 5 analyzed ones. The total capacity of a cassette is 180 samples. The cassette is in contact with a removing device which takes samples one after one out of the cassette and delivers them onto the platform of the weighing device. After having been weighed the sample is directed along the vertical channel into the accelerator chamber and comes in the irradiation unit where exact fixing and sample rotation within the beam of the bremsstrahlung are carried out. The irradiated sample is thrown down into the vertical channel and in 1.5 · 2 s after the end of the irradiation it comes into the measurement unit where it is exactly set between the crystals of the detector units included into the lead shield. After having been measured the sample is thrown down into the cassette.

For measuring the sample induced activity it is used a scintillation gamma-spectrometer comprising two detector units. These detector units consist of NaI(Tl) crystals 150 mm ∅ × 100 mm in combination with a photomultiplier ФЭУ-95. In the detector unit there is mounted a photodiode light flashes of which are used as base ones for stabilization of the spectrometric system which is made up from the blocks of the system "Vector". For discriminating the induced activity of the analyzed element against the background of radiations emitted by interfering elements it is used the known method [2]. According to it the pulses which follow from the detector units are amplified and fed on two differential discriminators one of which is set upon the photopeak for the element to be analyzed and the second one is used for considering the "pedestal" under the photopeak.

Besides the spectrometric information the information on the sample weight, irradiation dose which the sample had obtained during the activation is used for computing the concentration of gold or another element. The irradiation dose is registered with a monitor as which it is used an integrator of the accelerated electron current in combination with an analogue-digital converter. All the obtained during the analysis data are delivered into the system for information accumulation and processing which operates when using one of two available programs. When a standard sample comes there is switched on the standardization program which computes the standardizing coefficient and it is memorized and used when analyzing takes place untill the next standard sample comes. The algorithm for information processing in the program "standard" is as follows:

$$\eta_{\text{эт}} = \frac{(N_{\text{A}}^{\text{эт}} - N_{\Phi}^{\text{эт}}) \cdot k}{P_{\text{эт}} \cdot I_{\text{эт}} \cdot C_{\text{эт}}}$$

where $\eta_{\text{эт}}$ is the standardizing coefficient,

$N_{\text{A}}^{\text{эт}}$ is the counting rate in the channel set upon the peak for the analyzed element ("analytical" channel);

$N_{\Phi}^{\text{эт}}$ is the counting rate in the "background" channel considering "pedestal" under the photopeak;

k is the normalizing coefficient for the standard conditions;

$P_{\text{эт}}$ is the weight of the standard;

$I_{\text{эт}}$ is the reading of the monitor;

$C_{\text{эт}}$ is the concentration of the measured element (gold) in the standard (the value is put in from the control board of the installation).

When feeding samples which are to be analyzed into the installation there is switched on the program "sample" by means of which and using the obtained earlier standardizing coefficient one can compute the gold concentration in the samples to be analyzed. The algorithm of the information processing in the program "sample" is as follows:

$$C_{\text{обр}} = \frac{(N_{\text{А}}^{\text{обр}} - N_{\text{ф}}^{\text{обр}}) \cdot k}{P_{\text{обр}} \cdot I_{\text{обр}} \cdot \eta_{\text{эт}}}$$

where $C_{\text{обр}}$ is the concentration of the measured element (gold) in the sample;

where $N_{\text{А}}^{\text{обр}}$ is the counting rate of the sample induced activity in the "analytical" channel;

$N_{\text{ф}}^{\text{обр}}$ is the counting rate of the sample induced activity in the "background" channel;

k is the normalizing coefficient;

$P_{\text{обр}}$ is the sample weight;

$I_{\text{обр}}$ is the reading of a monitor;

$\eta_{\text{эт}}$ is the standardizing coefficient.

The information is put out either on the tape of a numeric printer or on the 80-column card as a 16-digit decimal number in which 12 digits carry information about the sample code and 4 digits carry information on concentration of gold in the given sample.

All sequence of operations in the sample analysis is realized by means of the control system which ensures the automatic operation mode of the installation.

The sample analysis in the gamma-activation installation is carried out in the following way. Samples packed in the polyethylene containers and having the label with written code go from the sample processing workshop to the laboratory. In the massif making up room a laboratory assistant places samples and standards in the cassette and simultaneously punches the code in the tape (the standard has its own distinctive code). The filled cassette is delivered with the help of a lift to the upper floor where it joints with an unloading device. The punched tape is loaded in the reader and then all the analysis operations are carried out in the automatic mode. There is read out and memorized the sample code, there are carried out its weghing, irradiation, measurement of the induced activity and the processing of information (in dependence on the code using either the program "standard" or the program "sample").

The gamma-activation installation has the following metrological characteristics:

- taken for the analysis sample weight, g 500 $\pm$ 100
- threshold of the gold determination, g/t 0·4 $\pm$ 0·1
- analysis error when the gold concentration is 2 g/t $\pm$ 10% rel.
- installation throughput, analyses/shift not less than 400.

In order to ensure high reliability of the installation operation the installation comprises a reserve complex one for carrying out analyses during the repairs and maintenance of the base installation.

The complex installation makes it possible to fulfil the sample multielemental analysis to determine elements which accompany gold. For this purpose as its components there are the 22 MeV accelerator section (ЛУЭ-15) and a multichannel analyzer having the result output on the punched tape. These devices allow a large number of elements to be determined with high sensitivity, precision and selectivity by means of the developed programs of the optimization of the gamma-activation analysis [8, 9] and the information processing [10]. The capabilities of the complex installition may be extended still more if a neutron converter is used.

The developed gamma-activation installation may be used at large mining-and-metallurgical plants where large sampling volume takes place and also as the regional nuclear analytical centre which serves a group of enterprises.

Received April 23, 1980

References

[1] *Ю. Н. Бурмистенко, Р. Г. Гамбарян, Ю. В. Феоктистов*, Сб. Активационный анализ в народном хозяйстве". ФАН, Ташкент (1974) 93

[2] *Ю. Н. Бурмистенко, Е. Н. Гордеева, Ю. В. Феоктистов*, Сб. ,,Радиационная техника". Атомиздат, вып. II (1975) 225.

[3] *Ю. Н. Бурмистенко, Р. Г. Гамбарян, И. Н. Иванов, Ю. В. Феоктистов, А. С. Штань*, Тезисы докладов Всесоюзного научно-технического семинара ,,Применение ускорителей в элементном анализе различных веществ". Москва, ВДНХ (1973) 44

[4] *Ю. Н. Бурмистенко, Ю. В. Феоктистов*, Сб. ,,Радиационная техника" вып. **14**, Атомиздат (1977) 166

[5] *Ю. Н. Бурмистенко, Б. Н. Рывкин, Ю. В. Феоктистов*, Сб. ,,Радиационная техника", вып. 16 (1978) 175

[6] *Ю. Н. Бурмистенко, Д. В. Гарнык, Б. Н. Рывкин, Ю. В. Феоктистов, А. Н. Шпанов*, Сб. ,,Радиационная техника", вып. 15 (1977) 104

[7] *Н. В. Бароха, И. И. Белов, Ю. Н. Бурмистенко, В. А. Глухих, И. Н. Иванов, Ф. В. Кретов, М. И. Минькин, В. И. Мунтян, А. Н. Попов, Н. И. Тарабрин, Ю. В. Феоктистов, А. С. Штань*, Авт. свид. на изобретение № 533260, Бюлл. изобр. (1978) № 22

[8] *B. V. Anisimov, Yu. N. Bourmistenko, I. N. Ivanov, V. V. Phillipov*, J. Radioanal. Chem. **40** (1977) 147

[9] *Yu. N. Bourmistenko, I. N. Ivanov, V. V. Sviridova, Yu. V. Feoktistov*, J. Radioanal. Chem. **40** (1977) 147

[10] *И. Н. Иванов, Б. Н. Рывкин, В. В. Филиппов*, Сб. ,,Радиационная техника", вып. 13, Атомиздат (1976) 172

Beschreibung eines Systems zur Spektrenauswertung mit rechnergekoppeltem Vielkanalanalysator

P. Jugelt, D. Kästner, W. Franke

(Technische Universität Dresden, Sektion Physik, Wissenschaftsbereich Angewandte Kernphysik)[1]

Es wird ein System zur Spektrenauswertung mit rechnergekoppeltem Vielkanalanalysator beschrieben. Das entwickelte Rechenprogramm ermöglicht eine weitgehend automatische Spektrenbearbeitung. Notwendige Nutzerentscheidungen werden durch die Bildschirmeinheit des Vielkanalanalysators erleichtert. Für die Kopplung der Vielkanalanalysatoren vom Typ DIDAC und NTA mit dem Kleinrechner KRS 4200 über Entfernungen bis zu 100 m wurden spezielle Interfaces entwickelt.

Keywords

computers; electronic equipment; energy spectra; Gauss function; multichannel analyzers; peaks; spectra unfolding; X-ray spectroscopy

1. Einleitung

Seit mehr als 15 Jahren werden in der Kernspektrometrie Impulshöhenverteilungen mit Hilfe von Rechnerprogrammen in ihre Komponenten zerlegt. Die Trennung überlagerter Linien — die sogenannte Spektrenentfaltung — hat seitdem auch entscheidende Bedeutung für die Stoffanalytik, wie etwa die energiedispersive Röntgenemissionsanalyse und die Neutronenaktivierungsanalyse, erlangt. Mit dem verstärkten Einsatz derartiger Analysenmethoden ist die Forderung verknüpft, die Spektrenauswertung im on-line-Betrieb mit Mini- und Mikrorechnern zu bewältigen. Unter diesem Aspekt werden am Wissenschaftsbereich Angewandte Kernphysik der TU Dresden Spektrenauswerteprogramme speziell für das Kleinrechnersystem KRS 4200 des VEB Kombinat ROBOTRON entwickelt.

Parallel zur Entwicklung der Rechnerprogramme wurden auch hardware-seitig die Voraussetzungen für die effektive Nutzung der Programme geschaffen. Ein Beispiel ist die Kopplung der Vielkanalanalysatoren vom Typ NTA und DIDAC mit dem Kleinrechnersystem KRS 4200. Ein dafür entwickeltes Interface ermöglicht unter Regie eines speziellen Steuerprogramms sowohl die Eingabe eines im Vielkanalanalysator gespeicherten Impulshöhenspektrums in den Rechner als auch die Übertragung des Inhaltes eines vorwählbaren Speicherbereiches vom Rechner in den Speicher des Vielkanalanalysators. Damit ist die Auswertung von Impulshöhenspektren im on-line-Betrieb möglich. Der Oszillograph des Vielkanalanalysators kann außerdem während der Programmabarbeitung zur Unterstützung der Bedienerentscheidung im begrenzten Umfange als graphisches Display genutzt werden.

Das entwickelte Interface ist für die Überbrückung von Entfernungen zwischen Vielkanalanalysator und Rechner von mindestens 100 m geeignet.

2. Mathematische Grundlagen der Entfaltung

Das in den Spektrenauswerteprogrammen realisierte Entfaltungsverfahren beruht auf der Approximation des von der Energieverteilung $\mathrm{f}(E)$ erzeugten Impulshöhenspektrums $y(x; \mathrm{f}(E))$ durch eine Funktion. Dabei wird vorausgesetzt, daß das Spektrometersystem als linearer Operator wirkt. Es gilt definitionsgemäß:

$$y(x; \mathrm{f}(E)) = y(x; z_1 \cdot g_1(x, E_1) - z_2 \cdot g_2(x, E_2) - \ldots - z_m \cdot g_m(x, E_m)) = z_1 \cdot g_1(x, E_1) - z_2 \cdot g_2(x, E_2) - \ldots - z_m \cdot g_m(x, E_m) \quad (1)$$

Hierbei sind $g_1 \ldots g_m$ die einzelnen Impulshöhenspektren der monoenergetischen Strahlungen mit den Energien $E_1 \ldots E_m$ und $y(x; \mathrm{f}(E))$ das bei simultaner Messung dieser Energien entstehende Impulshöhenspektrum.

Bei den entwickelten Rechnerprogrammen beschränkt sich die Auswertung jeweils auf die charakteristischen Teile des Impulshöhenspektrums, auf die Photolinien bzw. Vollenergiepeaks, wobei jede einzelne Linie durch einen mathematischen Ausdruck beschrieben wird.

Im Programm EPRO 1 (vgl. [1]) ist sowohl eine *Gauß*-verteilung

$$g_j(x) = h_j \cdot \exp\{-(x - x_j)^2/2\sigma_j^2\} \quad (2)$$

als auch eine asymmetrische Verteilung in der Form

$$g_j(x) = \begin{cases} h_j \cdot \exp\{(-b_j^2 - 2 \cdot b_j(x - x_j))/2\sigma_j^2\} \\ x < x_j - b_j \\ h_j \cdot \exp\{-(x - x_j)^2/2\sigma_j^2\} & x \geqq x - b_j \end{cases} \quad (3)$$

realisiert.

Hierbei sind

h_j ... Höhe des j-ten Peak
x_j ... Lage des j-ten Peak
$\sigma_j = \mathrm{HWB}_j/2{,}35$ mit HWB als Peakhalbwertsbreite
b_j ... Assymetrieparameter

Das Programm EPRO 2 (vgl. [2]) gestattet lediglich die Approximation der Peaks mittels *Gauß*verteilung.

Die durch Approximation bestimmten Parameterwerte ermöglichen die Ermittlung der Lagen und Peakflächen und damit über entsprechende Kalibrierungsfunktionen die qualitative und quantitative Elementanalyse.

Das mit einem Vielkanalanalysator aufgenommene Impulshöhenspektrum setzt sich aus N diskreten Meßwerten $\tilde{y}_i$ zusammen. Dabei bezeichnet $\tilde{y}_i$ die im Kanal x_i gemessene Impulszahl.

Die Parameteroptimierung erfolgt nach der Methode der kleinsten Quadrate.

[1]) Anschrift: 8027 Dresden, Mommsenstr. 13

Die N Meßwerte $\tilde{y}_i$ werden durch eine Funktion

$$y(x_i; p_1, p_2, \ldots, p_m) = y_i(\boldsymbol{p}) \tag{4}$$

so approximiert, daß die gewichtete Fehlerquadratsumme $Q(\boldsymbol{p})$ ein Minimum wird:

$$Q(\boldsymbol{p}) = \sum_{i=1}^{N} w_i(y_i(\boldsymbol{p}) - \tilde{y}_i)^2 \Rightarrow \text{Minimum} \tag{5}$$

Die Größe $\boldsymbol{p}$ stellt einen Vektor im m-dimensionalen Raum der zu variierenden Parameter $p_1, p_2, \ldots, p_m$ dar. Der Faktor w_i ist das Gewicht, das dem i-ten Meßwert zukommt. Die notwendige Bedingung dafür, daß Q einen Extremwert erreicht, ist durch

$$\frac{\partial Q(\boldsymbol{p})}{\partial p_j} = 0 \qquad (\text{für alle } j = 1, \ldots, m) \tag{6}$$

gegeben.

Die Bedingung (6) führt auf ein Gleichungssystem mit m Gleichungen. Im Falle der Photopeakanalyse bestehen keine linearen Beziehungen zwischen $y_i(\boldsymbol{p})$ und den Parametern p_j (nichtlineare Methode der kleinsten Quadrate). Zur Lösung des nichtlinearen Gleichungssystems hat sich das Verfahren der linearisierten Normalgleichungen bewährt. Dabei wird der Ausdruck $y_i(\boldsymbol{p})$ in einer TAYLOR-Reihe entwickelt, die nach dem linearen Glied abbricht:

$$y_i(\boldsymbol{p}) = y_i(\boldsymbol{p}_0 + \delta\boldsymbol{p}) = y_i(\boldsymbol{p}_0) + \sum_{\nu=1}^{m} \delta p_\nu \left(\frac{\partial y(\boldsymbol{p})}{p_\nu}\right) \boldsymbol{p}_0 + \ldots \tag{7}$$

Durch Einsetzen in die Extremwertbedingung (6) entsteht ein Gleichungssystem, in dem die Parameteränderungen δp_j linear enthalten sind.

In Matrixschreibweise lautet dieses Gleichungssystem

$$(\mathsf{A}^{\mathrm{T}} \cdot \mathsf{W} \cdot \mathsf{A}) \cdot \delta\boldsymbol{p} = \mathsf{A}^{\mathrm{T}} \cdot \mathsf{W} \cdot \boldsymbol{z} \tag{8}$$

Hierbei sind

A ... Koeffizientenmatrix mit den Elementen $\left(\frac{\partial y_i(\boldsymbol{p})}{\partial p_\nu}\right) \boldsymbol{p}_0$
A^{T} ... Transponierte von A
W ... Wichtungsmatrix

Die Lösung des Gleichungssystems erfolgt nach dem CHOLESKY-Verfahren. Der gesuchte Parametervektor berechnet sich zu:

$$\boldsymbol{p} = \boldsymbol{p}_0 + D \cdot \delta\boldsymbol{p} \tag{9}$$

Dabei wurde der Dämpfungsfaktor D eingeführt, der verhindern soll, daß der derart bestimmte Vektor $\boldsymbol{p}$ außerhalb einer begrenzten Umgebung von $\boldsymbol{p}_0$ liegt. Der Startvektor $\boldsymbol{p}_0$ enthält die Anfangsnäherungen aller Parameter. Er wird vor Beginn des Approximationsprozesses vom Programm automatisch bereitgestellt. Das Verfahren der linearisierten Normalgleichungen beruht auf einer Iteration, indem der berechnete Parametervektor $\boldsymbol{p}$ als neuer Startvektor $\boldsymbol{p}_0$ benutzt wird. Das in den Programmen „EPRO 1" und „EPRO 2" realisierte Iterationsverfahren bricht ab, wenn der Maximalwert aus der Gesamtheit der k Parameteränderungen $(e_k)_{\max}$ innerhalb eines Iterationsschrittes kleiner als 0,005 ist:

$$(e_j)_{\max} < 0{,}005 \tag{10}$$

Die Berechnung des Dämpfungsfaktors D erfolgt unter Benutzung dieser maximalen Parameteränderungen:

$$D = \begin{cases} 1 & \text{wenn} \quad (e_j)_{\max} < 0{,}1 \\ 0{,}1/(e_j)_{\max} & \phantom{\text{wenn}} \quad (e_j)_{\max} \geqq 0{,}1 \end{cases} \tag{11}$$

3. Beschreibung der Programme

Es wurden zwei Programmversionen entwickelt, die eine weitestgehend automatische Bestimmung der Peaklagen, -breiten und -flächen ermöglichen. Das Auswerteverfahren basiert in beiden Fällen auf der im vorangegangenen Abschnitt beschriebenen Approximation des Impulshöhenspektrums. Aus rechentechnischen Gründen erfolgt die Anpassung stückweise, wobei die Einteilung in die Approximationsbereiche entweder vom Rechner selbsttätig durchgeführt wird oder durch den Bediener vorgenommen werden kann.

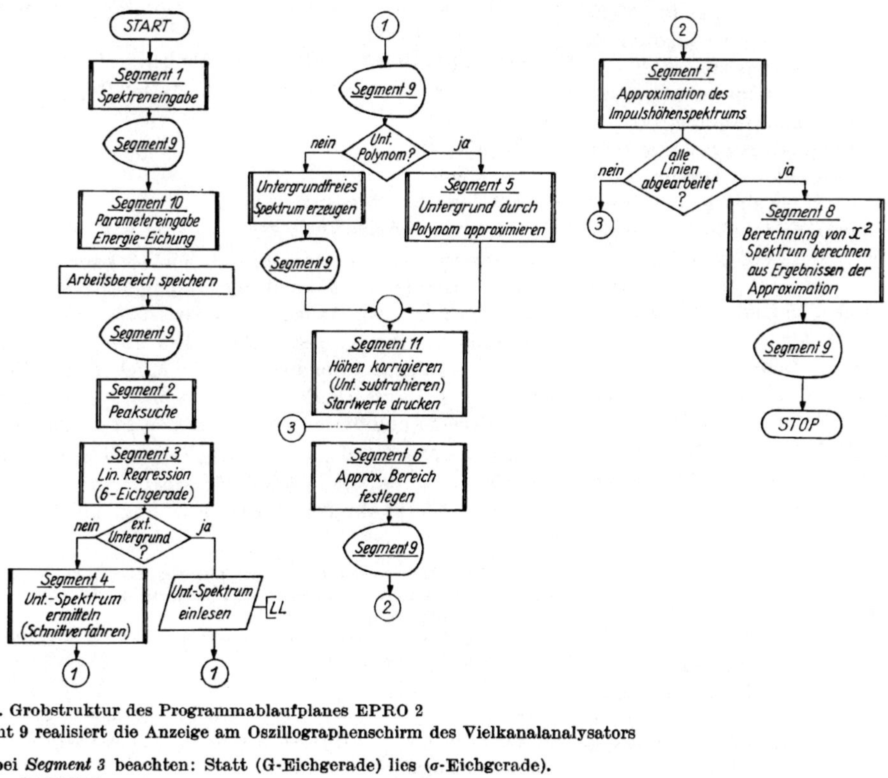

Abb. 1. Grobstruktur des Programmablaufplanes EPRO 2
Segment 9 realisiert die Anzeige am Oszillographenschirm des Vielkanalanalysators

Bitte bei *Segment 3* beachten: Statt (G-Eichgerade) lies (σ-Eichgerade).

Tab. 1. Charakteristika der Programmversionen MARU/EPRO 1 und EPRO 2

	Version 1 MARU/EPRO 1	Version 2 EPRO 2
Erforderliche Rechnerkonfiguration	KRS 4200 (16 K), LBL, LBSt, SM, Mosaikdrucker	KRS 4200 (16 K), Magnettrommel, LBL, LBSt, SM, Mosaikdrucker
Ansatz für Photopeak	wahlweise – *Gauß*verteilung – asymmetrische Verteilung mit Expon.-Flanke	*Gauß*verteilung
Erafssung des Spektrenuntergrundes	Ermittlung des Untergrundes nach dem Schnittverfahren u. anschließende Subtraktion. Approximation erfolgt ausschließlich am untergrundkorrigierten Spektrum.	wahlweise – entsprechend Version 1 – Approximation des untergrundbehafteten Spektrums, indem als Untergrundfunktion ein Polynom 1., 2. oder 3. Grades gewählt wird.

Aus Tab. 1 gehen die wesentlichen Unterschiede der beiden Programmversionen hervor. Die Programmbeschreibung beschränkt sich im weiteren auf die Version 2 (Programm „EPRO 2“).

Das Programm „EPRO 2“ besteht aus 11 Segmenten. Abb. 1 zeigt die Grobstruktur des Programmablaufplanes. Die Übertragung des Impulshöhenspektrums (Segment 1) aus dem Speicher des Vielkanalanalysators in den Rechner erfolgt kanalweise, indem den aufeinanderfolgenden Meßwerten aufeinanderfolgende Kanalnummern zugeordnet werden. Nach Abschluß des Spektrentransfers wählt der Bediener einen Arbeitsbereich aus, der separat abgespeichert wird. Der Arbeitsbereich sowie das Gesamtspektrum können am Bildschirm des Vielkanalanalysators dargestellt werden (Segment 9). Die Parametereingabe geschieht über die Schreibmaschine (Segment 10). Über eine Kanal-Energie-Eichung ermöglicht das Programm beliebige Umrechnungen zwischen Kanalnummer und Energiewert. Die dafür erforderlichen Koeffizienten berechnet das Programm aus zwei einzugebenden Stützstellen (Kanal- und Energieangaben).

Im Segment 2 erfolgt die automatische Identifizierung der Linien auf der Grundlage des Verfahrens der zweiten Differenz nach *Mariscotti*[2]) [3]. Das Programm bietet — von der niederenergetischen Seite beginnend — dem Nutzer nacheinander die identifizierten Peaks zur Bewertung an. Als Orientierungshilfe wird dazu das Impulshöhenspektrum bis zum jeweils identifizierten Peak am Bildschirm des Vielkanalanalysators dargestellt. Die vom Programm identifizierten Linien sind über Steuerkonstanten durch den Bediener zu bewerten. Dadurch besteht die Möglichkeit, extrem kleine Peaks von der weiteren Bearbeitung auszuschließen bzw. Fehlidentifizierungen zu unterdrücken. Außerdem können zusätzlich Linien in die Liste aufgenommen werden, indem der Bediener deren Lagen über die Schreibmaschine eingibt.

Auf der Grundlage der mittels *Mariscotti*-Verfahren ermittelten σ-Werte[3]) werden über eine lineare Regression die Koeffizienten der σ-Eichgeraden bestimmt (Segment 3).

Segment 4 ermittelt nach dem Schnittverfahren (vgl. [5]) eine Näherung für den Untergrundverlauf im ausgewählten Arbeitsbereich. Die Qualität des derart bestimmten Spektrenuntergrundes kann ebenfalls über Bildschirm eingeschätzt werden. Segment 5 ermöglicht die Approximation des nach dem Schnittverfahren ermittelten Untergrundspektrums durch ein Polynom (wahlweise 1., 2. oder 3. Grades). Die derart ermittelten Koeffizienten werden als Startwerte für die Approximation des untergrundbehafteten Spektrums bereitgestellt. Es ist außerdem die Möglichkeit vorgesehen, die Entfaltung am untergrundfreien Spektrum durchzuführen. In diesem Fall wird vor Beginn der Entfaltung das durch Schnittverfahren erzeugte Untergrundspektrum kanalweise vom gemessenen Spektrum subtrahiert.

Nach Abarbeitung des Segmentes 5 stehen alle für die Approximation nach dem Verfahren der nichtlinearen Parameteroptimierung erforderlichen Startwerte geordnet zur Verfügung[4]).

Die Segmente 6, 7 und 11 realisieren das Verfahren der nichtlinearen Parameteroptimierung. Es kann sowohl die Approximation des untergrundfreien Liniendiagrammes als auch die Anpassung an das gemessene Impulshöhenspektrum vorgenommen werden. Im letzteren Fall wird gemeinsam mit den Linien der Untergrund durch ein Polynom angepaßt.

Zur Festlegung der Approximationsbereiche stehen dem Nutzer zwei Varianten zur Verfügung:

a) Manuelle Vorgaben des Anfangs- und Endkanals des Approximationsbereiches,
b) Vorgabe eines Bereichsparameters A.

Alle Linien, deren Abstand zueinander weniger als $(A \cdot \sigma)$ beträgt, werden zu einem gemeinsamen Approximationsbereich zusammengefaßt.

Die Approximation des Impulshöhenspektrums innerhalb eines Bereiches erfolgt durch Variation folgender Parameter:

— Peaklagen
— Peakhöhen
— Anstieg der σ-Eichgeraden
— Koeffizienten des Untergrundpolynoms.

Konvergiert der Iterationsprozeß nicht, kann das Verfahren durch Setzen eines Schalters abgebrochen werden. Das Programm geht danach automatisch zur Bearbeitung des nächsten Approximationsbereiches über. Nach jedem Iterationszyklus hat der Bediener die Möglichkeit, die Anpassung des Untergrundes am Bildschirm zu überprüfen.

Die Berechnung der zu dem jeweiligen Peak gehörenden Impulszahl N erfolgt nach der Beziehung $N = \sqrt{2\pi} \cdot h \cdot \sigma$, wobei σ und h die jeweils durch Parameteroptimierung gewonnenen Werte für Standardabweichung und Peakhöhe sind.

[2]) Die Leistungsfähigkeit des Peaksuch-Verfahrens nach *Mariscotti* wurde zu diesem Zweck eingehend untersucht (vgl. z. B. [4]).

[3]) Das Verfahren von *Mariscotti* ermöglicht zusätzlich zur Peaksuche auch die Bestimmung der Anfangsnäherungen für die Linienhalbwertsbreiten bzw. σ-Werte.

[4]) Die Anfangsnäherung h_j^0 für die Peakhöhe des j-ten Peaks berechnet sich nach der Beziehung

$$h_j^0 = y(x_{P_{ij}}) - U(x_{P_{ij}})$$

wobei $x_{P_{ij}}$ die nach dem *Mariscotti*-Verfahren bestimmte Peaklagennäherung und $U(x_{P_{ij}})$ der zugehörige Kanalinhalt der nach dem Abschneideverfahren bestimmten Untergrundnäherung sind.

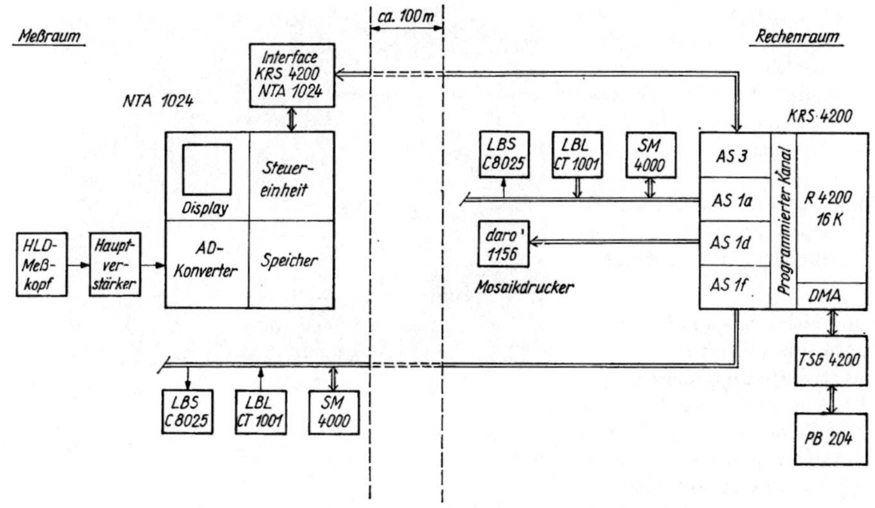

Abb. 2. Geräteaufstellung für den rechnergekoppelten Betrieb des Vielkanalanalysators

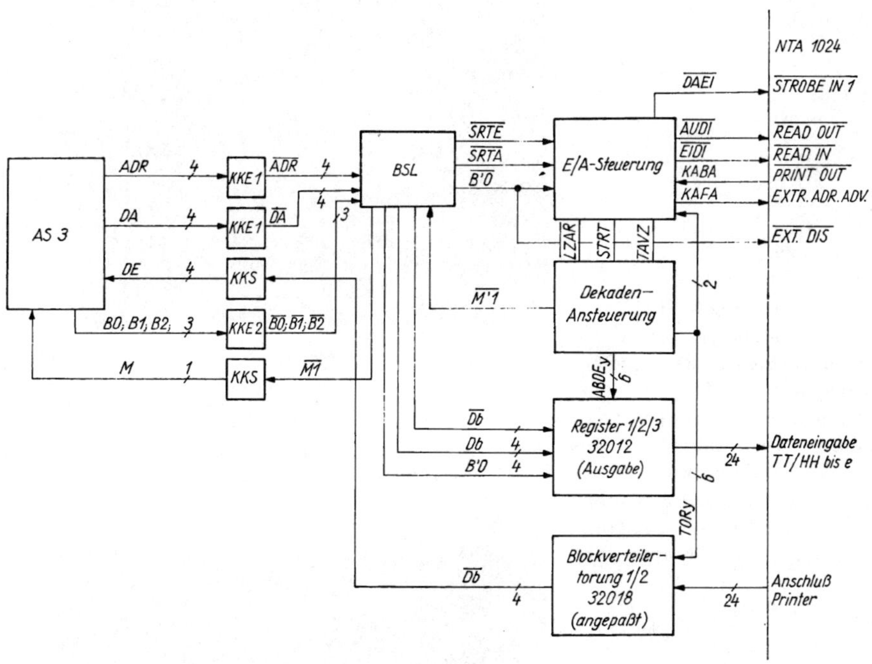

Abb. 3. Prinzipschaltbild des Interfaces für EMG NTA 1024

Das unter Benutzung der optimierten Parameter berechnete Spektrum kann zur visuellen Einschätzung der Approximation gemeinsam mit dem gemessenen Impulshöhenspektrum am Bildschirm dargestellt werden. Den Programmabschluß bildet die Berechnung des χ^2-Wertes, der ebenfalls eine Aussage über die Güte der Anpassung ermöglicht.

4. Realisierung des Datentransfers zwischen Vielkanalanalysator und Rechner

Zur Kopplung der Vielkanalanalysatoren vom Typ DIDAC 4000, DIDAC 800 und NTA 1024 wurden spezielle Interfaces entwickelt (vgl. [6, 7]). Abb. 2 zeigt die Aufstellung der Geräte für den rechnergekoppelten Betrieb des Vielkanalanalysators NTA 1024. Das Prinzipschaltbild für die Steuerung der Datenübertragung zwischen dem Vielkanalanalysator NTA 1024 und dem Kleinrechner KRS 4200 ist in Abb. 3 dargestellt. Rechnerseitig erfolgt die Datenübertragung über die Anschlußsteuerung AS 3. Beim Vielkanalanalysator werden die Anschlüsse EXT. CONTROL, TT und PRINTER verwendet. Die Übertragung eines Wortes erfolgt dekadenweise.

Für das Signalspiel des Standardinterfaces SI 2.2. in Verbindung mit dem angeschlossenen Block wird die dafür festgelegte Folge von Befehls- und Meldesignalen eingehalten (TGL 29 711/02). Die vom Rechner über die Anschlußsteuerung AS 3 ausgegebenen Adressen (ADR) dienen der Blockerkennung. Alle von der Anschlußsteuerung AS 3 ausgehenden Signale werden über die Kabelempfänger (KKE) und alle zur AS 3 führenden Signale auf Kabelsender (KKS) geschaltet. Diese Verstärkerstufen gehören zum Fertigungsprogramm des VEB Kombinat ROBOTRON — Meßelektronik „Otto Schön" Dresden. Das Interface bildet die Steuersignale ($\overline{\text{DAEI}}$, $\overline{\text{EIDI}}$, $\overline{\text{AUDI}}$, KAFA), die über den Anschluß EXT. CONTROL im Vielkanalanalysator die entsprechenden Operationen auslösen.

Der Datentransfer wird durch ein spezielles Programm gesteuert (vgl. [8]), das sowohl die Eingabe eines im Vielkanalanalysator gespeicherten Impulshöhenspektrums in den Rechner als auch die Übertragung des Inhaltes eines vorwählbaren Speicherbereiches vom Rechner in den Speicher des Vielkanalanalysators ermöglicht.

5. Erprobung der Kopplung Rechner – Vielkanalanalysator am Beispiel der Auswertung von Impulshöhenspektren der energiedispersiven Röntgenfluoreszenzanalyse

Die zur Erprobung benutzten Impulshöhenspektren stammen von zwei silikatischen Proben, die mit einer Co-Feinstrukturröhre angeregt wurden (vgl. [9]). Die Masseanteile der für den Test interessierenden Elemente sind in Tab. 2 angegeben. Die Messung erfolgte mit der von *Steinbrecher* und *Ebert* (vgl. [10, 11]) aufgebauten Experimentieranordnung. Es wurde ein Si(Li)-Halbleiterdetektorspektrometer[5]) mit einer Halbwertsbreite von 180 eV für die Mn-K_α-Linie verwendet.

Tab. 2. Massenanteile ausgewählter Elemente in Masse-%

Element	Probe 1	Probe 2
Si	29,31	23,16
K	4,05	0,17
Ca	0,09	4,65
Ti	0,43	0,69

Am Beispiel des Spektrums der Probe 1 soll die Einbeziehung des Sichtgerätes des Vielkanalanalysators in die Begutachtung des Approximationsprozesses demonstriert werden. Abb. 4 zeigt einen Ausschnitt des Impulshöhenspektrums dieser Probe. Der Anteil von Calcium ist so gering, daß auf Grund der gewählten Anregungsbedingungen und der relativ geringen energetischen Auflösung die K-Linien dieses Elements im Spektrum nicht hervortreten.

Die Approximation des in Abb. 4 dargestellten Spektrenabschnittes erfolgte in drei Bereichen, deren Grenzen vom Bediener vorgegeben wurden.

Bereich 1: Kanal 100 ... Kanal 150
Bereich 2: Kanal 200 ... Kanal 286
Bereich 3: Kanal 287 ... Kanal 380

Abb. 5 zeigt als Ergebnis der Approximation das berechnete Impulshöhenspektrum. Es ist stückweise zusammengesetzt, wobei zwischen den einzelnen Approximationsbereichen die nach dem Abschneideverfahren ermittelte Untergrundnäherung aufgenommen ist. Die Grenzen der Approximationsbereiche treten als Unstetigkeitsstellen deutlich hervor. Dies ist auf eine unzureichende Anpassung des Untergrundes, bedingt durch eine unzweckmäßige Wahl der Approximationsbereiche, zurückzuführen. Die Untersuchungen von *Jugelt* und *Knorr* [12] zur Parameteroptimierung von Einzelpeaks und Peakgruppen haben gezeigt, daß die Bestimmung der Untergrundparameter am stärksten von der Wahl des Approximationsbereiches abhängt. Bei der Parameteroptimierung von Einzelpeaks sollte der Approximationsbereich mindestens 4,5 bis 5 HWB breit sein. Bei der Parameteroptimierung von Peakgruppen ist es zweckmäßig, die Grenzen des Approximationsbereichs 2,5 HWB unterhalb der Peaklage des niederenergetischen und etwa 2,5 HWB oberhalb der Lage des hochenergetischen Peaks zu legen, damit auch der Untergrund richtig angepaßt wird. Aus diesem Grund wurde die Approximation mit veränderten Bereichsgrenzen wiederholt.

Bereich 1: Kanal 50 ... Kanal 170
Bereich 2: Kanal 171 ... Kanal 290
Bereich 3: Kanal 291 ... Kanal 380

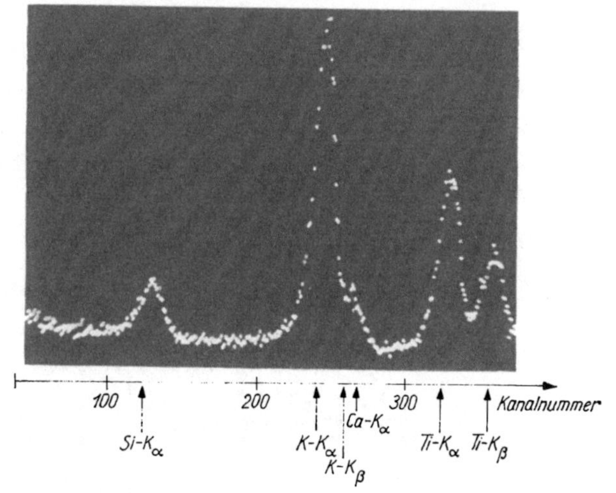

Abb. 4. Ausschnitt des Impulshöhenspektrums der Probe 1

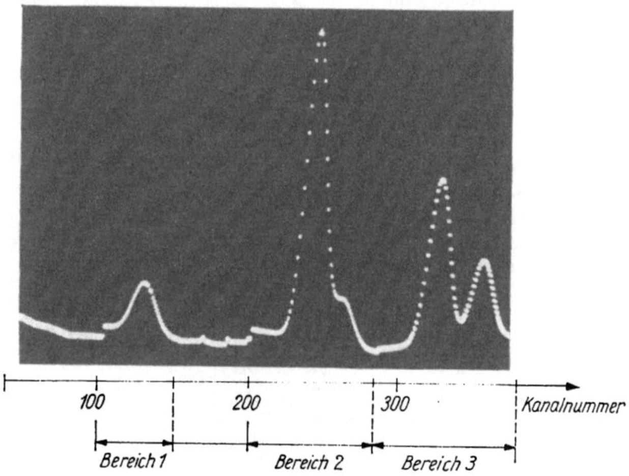

Abb. 5. Darstellung des nach der Approximation berechneten Impulshöhenspektrums der Probe 1

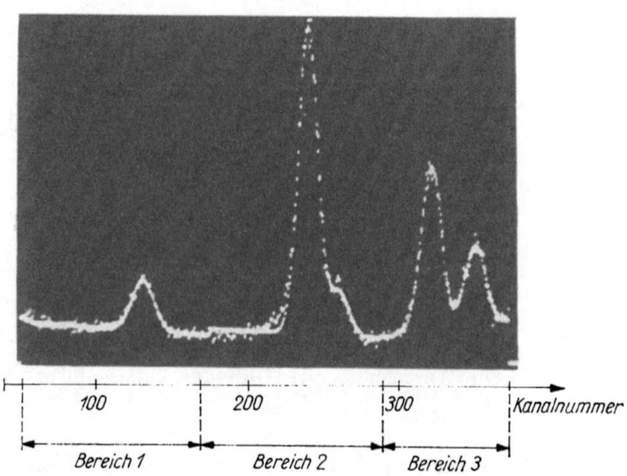

Abb. 6. Überlagerung von berechnetem und gemessenem Impulshöhenspektrum der Probe 1

[5]) Hersteller: ZfK Rossendorf

Tab. 3. Gegenüberstellung der durch Veränderung der Grenzen der Approximationsbereiche beobachteten Parameteränderungen

Parameter	Bereich	Relative Parameteränderung	
Untergrund	1	$[\Delta a/a] = 24\%$	
$U(x) = a + b \cdot x$		$[\Delta b/b] = 53\%$	
	2	$[\Delta a/a] = 42\%$	
		$[\Delta b/b] = 64\%$	
Peaklage			
$Si-K_\alpha$	1	$[\Delta x_P/\sigma] = 4{,}7\%$	
$K-K_\alpha$	2	$[\Delta x_P/\sigma] = 1{,}0\%$	
$K-K_\beta$	2	$[\Delta x_P/\sigma] = 2{,}2\%$	
Peakhöhe			
$Si-K_\alpha$	1	$[\Delta h/h] = 0{,}6\%$	
$K-K_\alpha$	2	$[\Delta h/h] = 0{,}6\%$	
$K-K_\beta$	2	$[\Delta h/h] = 1{,}9\%$	
Impulszahl			
$Si-K_\alpha$	1	$[\Delta N/N] = 2{,}7\%$	$\sqrt{N}/N = 2\%$
$K-K_\alpha$	2	$[\Delta N/N] = 1{,}9\%$	$\sqrt{N}/N = 1\%$
$K-K_\beta$	2	$[\Delta N/N] = 0{,}6\%$	$\sqrt{N}/N = 2{,}5\%$

Abb. 6 zeigt die Überlagerung von berechnetem und gemessenem Spektrum und bestätigt die verbesserte Anpassung für den Si-Peak. Die Untergrundanpassung auf der niederenergetischen Seite des K-Peaks ist trotz Erweiterung des Approximationsbereiches noch nicht befriedigend. Die apparativ bedingte Asymmetrie auf der niederenergetischen Seite kann durch den *Gauß*-Ansatz nicht beschrieben werden und wird deshalb durch eine Drehung der Untergrundgeraden ausgeglichen.

Tab. 3 enthält die durch Veränderungen der Bereichsgrenzen aufgetretenen Parameteränderungen. Die verbesserte Untergrundanpassung findet ihren Ausdruck in den großen relativen Änderungen der Untergrundparameter. Dagegen liegen die Abweichungen bei der Peakflächenbestimmung im Bereich des statistischen Fehlers. Dies rührt daher, daß der Untergrundverlauf im Bereich des Peakmaximums bereits bei der ersten Approximation mit kleinem Bereich gut beschrieben wird. So betragen z. B. die beiden Untergrundwerte für beide Approximationsbereiche im Kanal 126 (Lage des $Si-K_\alpha$-Peaks) $U(x_P) = 73{,}01$ bzw. $U(x_P) = 71{,}63$.

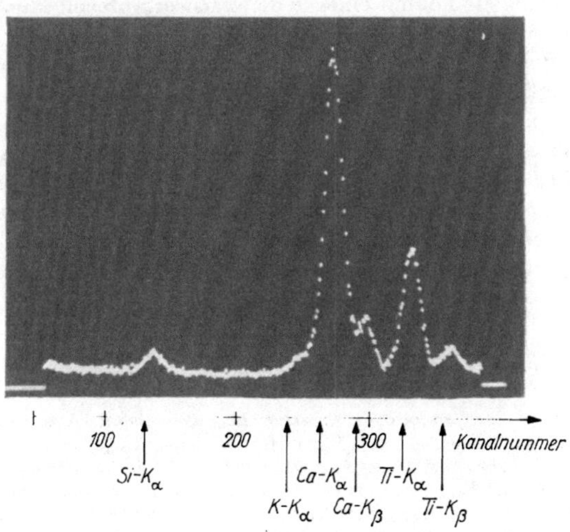

Abb. 7. Ausschnitt des Impulshöhenspektrums der Probe 2

Tab. 4. Vergleich der bei der Abarbeitung des Programms EPRO 2 ermittelten Linienlagen mit Tabellenwerten (Probe 2)

Linie	Energie, keV		
	Tabellenwert (K_{α_1}, K_{α_2}-Überlagerung berücksichtigt)	Ergebnis der Peaksuche	Ergebnis der Approximation
$Si-K_\alpha$	1,740	1,735	1,741
$K-K_\alpha$	3,312	3,276	3,414
$Ca-K_\alpha$	3,690	3,691	3,689
$Ca-K_\beta$	4,012	4,041	4,018
$Ti-K_\beta$	4,508	4,508	4,507
$Ti-K_\beta$	4,931	4,940	4,934

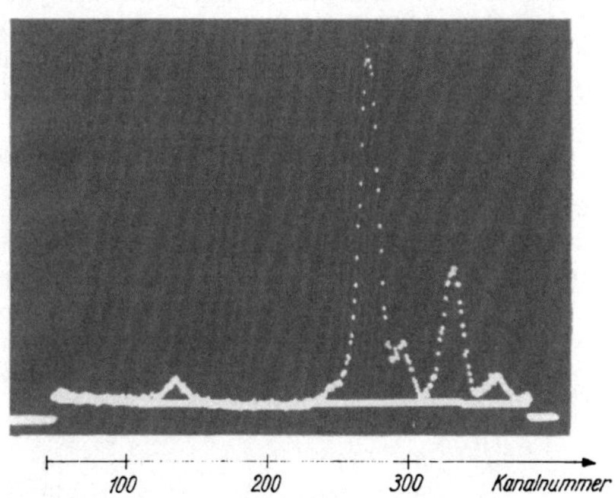

Abb. 8. Darstellung der nach dem Abschneideverfahren ermittelten Untergrundnäherung (Probe 2)

Eine weitere Verbesserung der Anpassung des Untergrundes auf der niederenergetischen Seite des K-Peaks wurde durch Approximation des Peakprofils mit der in der Programmvariante 1 (vgl. Tab. 1) realisierten asymmetrischen Verteilung erreicht.

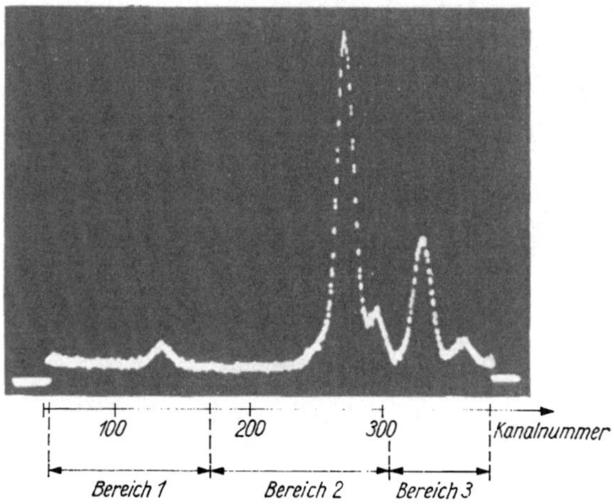

Abb. 9. Vergleich zwischen approximierten und gemessenem Spektrum (Probe 2)

Am Beispiel der Bearbeitung des Impulshöhenspektrums der Probe 2 werden die Grenzen des angewendeten Verfahrens der Parameteroptimierung deutlich. Abb. 7 zeigt den ausgewählten Abschnitt des Spektrums. Auf Grund des geringen K-Anteils hebt sich die K-K_α-Linie nur wenig von der Ca-K_α-Linie ab. Die Anfangsnäherungen für den Approximationsprozeß werden mit ausreichender Genauigkeit bereitgestellt. Mit Ausnahme des K-K_α-Peaks beträgt die mittlere absolute Abweichung der Peaklagennäherungen von den Tabellenwerten (vgl. Tab. 4) lediglich 9 eV. Die nach dem Abschneideverfahren ermittelte Untergrundnäherung (vgl. Abb. 8) entspricht den Erwartungen und garantiert im Zusammenhang mit den Anfangsnäherungen der Peaklagen gute Startwerte für die Peakhöhen.

Es soll versucht werden, den K_α-Peak des Kaliums von der K-Serie des Calciums abzutrennen. Das Approximationsverfahren konvergiert. Es wird eine gute Anpassung an das gemessene Impulshöhenspektrum erreicht (vgl. Abb. 9), der χ^2-Wert beträgt 1,200 für den gesamten Auswertebereich von Kanalnummer 40 bis Kanalnummer 380. Zur Charakterisierung der Ergebnisse enthält Tab. 4 einen Vergleich der bei der Approximation ermittelten Peaklagen[6]) mit den erwarteten. Während die Lagen der Si-K_α-, Ca-K_α-, Ca-K_β-, Ti-K_α- und Ti-K_β-Linien relativ gut mit den erwarteten Werten übereinstimmen, tritt bei der K-K_α-Linie eine Verschiebung um 102 eV nach höheren Energien auf.

Tab. 5. Zusammenstellung der für die Approximation erforderlichen Rechenzeiten

Probe-nummer	Approximationsbereich		Anzahl der zu optimierenden Parameter	Abarbeitungszeit für einen Iterationszyklus s
	Grenzen	Länge (Kanäle)		
1	50 ... 170	120	5	70
	171 ... 290	119	7	129
	291 ... 380	89	7	100
2	50 ... 170	120	5	70
	171 ... 305	134	9	227
	306 ... 380	74	7	86

[6]) Die Umrechnung der Peaklagen in Energieeinheiten erfolgte durch das Programm über die interne Energie-Kalibrierung.

Dieses Beispiel zeigt, daß bei der Entfaltung dichtbenachbarter Linien mit großen Intensitätsunterschieden das im Programm EPRO 2 realisierte Approximationsverfahren nur bedingt einsetzbar ist. Im Falle der energiedispersiven Röntgenspektrometrie bietet sich zur Behebung dieser Schwierigkeiten zusätzlich zu der im Programm realisierten Kopplung der Halbwertsbreiten eine Kopplung der Linienlagen über die Energieeichfunktion des Spektrometers an (vgl. [5]).

Die Allgemeingültigkeit des Approximationsprogrammes (große Zahl der zu optimierenden Parameter) hat eine relativ große Abarbeitungszeit zur Folge. Die je Iterationsschritt erforderliche Rechenzeit wächst linear mit der Anzahl der zu optimierenden Parameter und mit der Größe des Approximationsbereiches (vgl. [13]). Tab. 5 enthält die bei der Auswertung der vorgestellten Beispiele benötigten Rechenzeiten je Iterationszyklus[7]). Die Erfahrungen, die unterdessen bei der Entwicklung anderer Programme gesammelt wurden, lassen allerdings erwarten, daß die genannten Rechenzeiten bei effektiverer Programmierung weiter gesenkt werden können.

6. Zusammenfassung

Das vorgestellte Programmsystem gestattet bei Kopplung eines Vielkanalanalysators mit dem Rechnersystem KRS 4200 eine weitestgehend automatische Auswertung von Impulshöhenspektren im on-line-Betrieb. Dabei hat sich die Nutzung des Oszillographen des Vielkanalanalysators als grafisches Display als vorteilhaft erwiesen. Es gestattet dem Nutzer, Zwischenschritte der Spektrenbearbeitung zu kontrollieren und sofort sachkundige Entscheidungen über die Weiterführung des Auswerteprozesses zu treffen. Dies gilt sowohl für die Spektreninspektion und Vorbereitung des Approximationsprozesses (Peaksuche, Festlegen der Approximationsbereiche) als auch für die Beurteilung des Ergebnisses der Parameteroptimierung selbst. Der Vorteil ist dabei vor allem darin zu sehen, daß anhand der Ergebnisse der Auswertung unmittelbar auch Entscheidungen über die Weiterführung des Experimentes getroffen werden können. Die hier vorgestellten Beispiele unterstreichen außerdem, daß die Spektrenauswertung am Kleinrechner auf der Basis der Parameteroptimierung — von speziellen Routinefällen mit konstanten Meß- und Anregungsbedingungen abgesehen — in jedem Fall der visuellen Begutachtung und damit eines in den Auswerteprozeß eingeschalteten graphischen Display bedürfen.

Bei der Entwicklung des Programmsystems wurde auf möglichst große Universalität und breiten Anwendungsbereich Wert gelegt. Aus diesem Grund enthält das Verfahren der Parameteroptimierung lediglich eine lagenabhängige Kopplung der Linienhalbwertsbreiten. Wie die Beispiele zeigen, sind dem Einsatz des Programmes aus diesem Grund dann Grenzen gesetzt, wenn stark überlagerte Linien — wie z. B. in der energiedispersiven Röntgenspektrometrie — auftreten.

Eingegangen am 21. 5. 1980

[7]) Die oben getroffenen Aussagen über den linearen Zusammenhang zwischen Rechenzeit und Parameterzahl bzw. Größe des Approximationsbereiches beziehen sich ausschließlich auf Operationen in der Zentraleinheit und können deshalb nicht unmittelbar zur Abschätzung der bei Benutzung des Programms EPRO 2 auftretenden Rechenzeiten herangezogen werden, da hier auch während des Approximationsprozesses eine Auslagerung von Feldern auf den Trommelspeicher erfolgt.

Literatur

[1] D. Kästner, P. Jugelt, S. Koch, „Entwicklung eines Rechnerprogramms zur Spektrenauswertung mit dem Kleinrechnersystem KRS 4200". TU Dresden, Sektion Physik, TU-Preprint 05-47-75, 05-48-75 und 05-49-75

[2] D. Kästner, Programmbeschreibung EPRO 2, Laborbericht, TU Dresden, Sektion Physik, Pirna 1978

[3] M. A. Mariscotti, Nucl. Instr. and Methods 50 (1967) 309

[4] H.-J. Sieber, J. Knorr, Isotopenpraxis 14 (1978) 257

[5] S. Koch, P. Jugelt, H.-D. Schmiedl, Wiss. Zeitschrift der TU Dresden 25 (1976) 159

[6] P. Jugelt, W. Franke, D. Kästner, „Fertigstellung und Inbetriebnahme des Interfaces für die on-line-Meßwertverarbeitung", Forschungsbericht A 61, TU Dresden, Sektion Physik, unveröffentlicht, Pirna 1976

[7] W. Franke, P. Jugelt, „Fertigstellung und Erprobung des Interfaces NTA 1024 – KRS 4200", Forschungsbericht A 74, TU Dresden, Sektion Physik, unveröffentlicht, Pirna 1978

[8] D. Kästner, Beschreibung des Steuerprogrammes KORA, TU Dresden, Sektion Physik, Pirna 1975

[9] Chr. Hanke, Diplomarbeit, TU Dresden, Sektion Physik, Pirna 1980

[10] A. Steinbrecher, Diplomarbeit, TU Dresden, Sektion Physik, Pirna 1978

[11] Chr. Ebert, Diplomarbeit, TU Dresden, Sektion Physik, Pirna 1978

[12] P. Jugelt, J. Knorr, Dissertation, TU Dresden, Sektion Physik, 1973

[13] S. Koch u. a., „Studie über die Eignung der Prozeßrechner des VEB Kombinat Robotron für die EVREA", Forschungsbericht A 63, TU Dresden, Sektion Physik, unveröffentlicht, Pirna 1972

Automatic Checking of Heavy Element Contents in Polymetallic Ores Directly in Transportation Containers

V. P. Varvaritza, S. V. Mamiconian, V. Ya. Nagorny

(All-Union Institute of Radiation Engineering, Moscow, USSR)[1])

γ-Ray backscattering and X-ray fluorescence are used for the determination of lead in ores, which are transported by cars.

Keywords

back scattering; gamma radiation; lead; measuring systems; ores; X-ray fluorescence analysis; zinc

In the late decade automatic systems for the technological process control in the mining industry (mines, ore dressing factories etc.) have been developed and widely used.

For these systems automatic instruments for rapid checking of the useful components contents in ore are evidently needed.

The principal requirements for such instruments on a modern ore dressing factory are accuracy, sensitivity and short time of measurement.

One of the perspective methods for this purpose is γ-backscattering. High penetration power of high energy γ-rays and the irradiation of a rather big volume of ore and for getting good sample representativity, provides for rather good accuracy and sensitivity for crude ore checking in the moving containers. The main difficulties are connected with the variety of physical conditions of ore (big difference in the dimensions of the ore pieces, changes of the ore density and moisture content etc.). The geometry of the measurement in the moving ore conditions also varies constantly. Hence the intensity and spectral distribution of the secondary radiation depend not only on the element contents, but on the measurements conditions too. Besides of the checking process takes place through 10 mm steel container wall, the factor of wall thickness influence is by no means negligible.

In All-Union Institute of Radiation Engineering the method and the instrument for automatic checking of Pb-Zn commodity ore directly in ore trolleycar train are developed. The checking process is accomplished through the side of the moving trolleycar. The modification of this instrument can be used for automatic checking of ore from above in the moving dump trucks, dumpcars etc.

*) Vortrag, gehalten auf der 2. Tagung „Nukleare Analysenverfahren", März 1979, Dresden

[1]) Anschrift: UDSSR – 115230 Moskau, Warschauer Chaussee

One of the principal problems in this instruments design is the useful information choosing on the interfering factors background.

The theoretical study which was accomplished by Monte-Carlo method, permitted us to evaluate the influence of the element under analysis on the intensity and spectrum of secondary radiation in the presence of the interfering factors with 10 mm steel wall and without it. Some results of this study are presented in fig. 1. (The monochromatic isotope source is in direct contact with the scatterer, detector on the same axis as the source, 48 cm from the source, the energy registration range 90–110 and 200–220 keV).

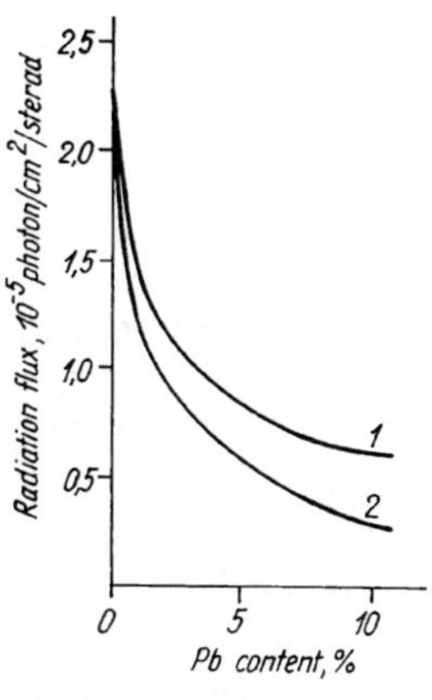

Fig. 1. Radiation flux – Pb content in ore relation

1 – for 90–110 keV energy range (with due regard for the steel layer); 2 – regardless the background radiation.

It is possible to see from Fig. 1, that the 1% of Pb content in ore change gives 30–35% change in the intensity in K-edge region. That is not too much and the reason is in 10 mm steel wall, which is not only screen of the scattered by ore radiation, but gives about 60% of background radiation.

The surface region of this radiation output on the wall is equal to the same region for primary radiation plus 3—4 free paths of primary radiation photons in steel. Surface region of secondary radiations output from ore is 5—6 times more than from steel.

Determination of secondary radiation field forming region in steel wall and ore permitted us to discriminate the wall scattered radiation by a special screen on the detector sensitive area. In real conditions the screening is chieved by a special cylindrical container for a gamma source, which is placed on the pressed to the trolley wall contrivance.

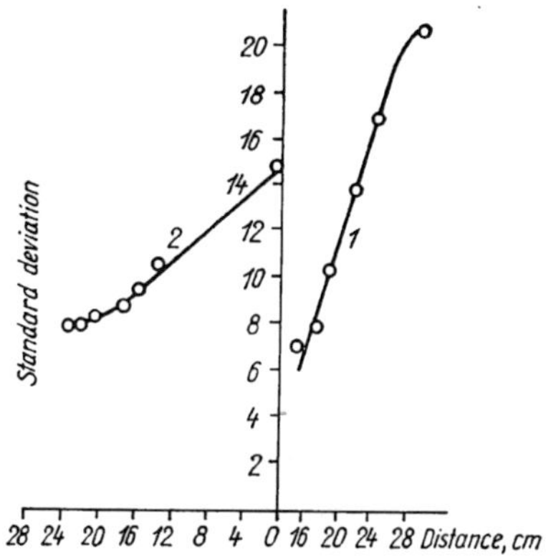

Fig. 2. Standard deviation-distance relation
1 — source-detection axis relation; 2 — detector-scatterer relation

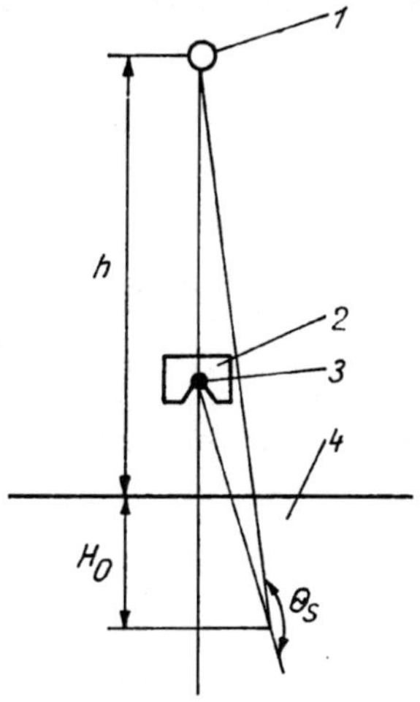

Fig. 3. Measurement geometry
1 — detector; 2 — nuclide container; 3 — source; 4 — ore

In this case 1% of Pb contents in ore change gives in K-edge region 50% change in the intensity. Such change of the secondary radiation intensity on the first percent of Pb content, permits to determine 0,1% Pb with the 0,1% Pb error.

Theoretical and experimental studies demonstrate, that substantial decreasing of ore physical condition influence can be achieved by right source-detector geometry [1] (the influence of the volumetrical density of ore on Pb measurement results must be as small as possible). It is possible to show, that this influence decreased when the distance detector-scatterer increased [2]:

$$I = \alpha \frac{I_0}{(h + H_0)^2} \tag{1}$$

where

α — proportionality factor
I_0 — primary radiation intensity
I — scattered radiation intensity
H_0 — effective depth of scattering
h — layer detector-scatterer distance

Having in mind, that $H_0 = (2 + 3)\,\lambda$, and $\lambda \sim 1/\varrho$ (2) for $h \gg H_0$, hence $\frac{\mathrm{d}I}{I} \sim \frac{\mathrm{d}h}{h}$

From this expression it is followed that (1) became independent on density changes. In Fig. 2 results of experiments are presented. On the axis mean sguare deviation of the detected secondary radiation scattered by ore with different volumetrical density and the distances detector-source and detector-scatterer are shown. It is possible to see, that the deviation decreased when distances increased. The minimum of the influence is achieved when detector and source are placed on the same axis at the distance of more than 3--4 free paths of ^{137}Cs photons in scatterer. This is valid for a dump truck from above ore checking. The variation of the distance between the ore and detector-source system practically does not vary the spectral distribution of the scattered radiation. The geometry of measurement is shown in Fig. 3. The geometry provides for constant spectral scattered radiation destribution. As a result secondary radiation spectrum position practically does not change but it changes symmetrically (by height). This permits to compensate for changes in measurement conditions due to ore moving by spectral relation method [3]. For this it is necessary to measure the intensities of the secondary radiation in two ranges of the spectrum. For the trolley-car through the wall measurements the optimal ranges are 200—220 keV and 20—110 keV (multi-scattered photons in a Pb-K-absorption edge region).

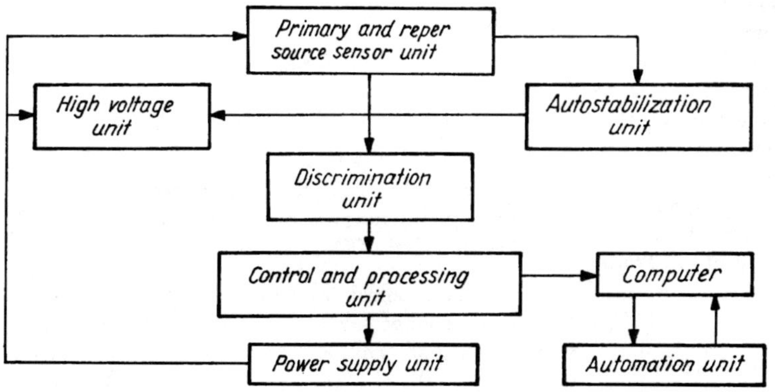

Fig. 4. The apparatus block diagm

When checking from above it is useful to measure together with the multiscattered photons also the X-ray fluorescent radiation of the element under analysis (this permits us to decrease the influence of the variation in mass-absorption matrix coefficients and to increase the measurement range).

The application of the spectral relation method permitted us to realize valid measurement of Pb content in a moving trolley-car with the 20 cm amplitude of the trolley wall vibration, and in a dump truck (from above) when the level of ore changes from 20 up to 150 cm. The volumetric density changes of ore from 1·6 up to 2·7 g/cm^3 in this case gives 8% relative error on a 1% Pb in the ore level.

When the fluorescent radiation as a correction factor is used the influence of Fe, Zn, Cu etc. variation in a matrix on a Pb measurement results are negligible. For example 4 times Zn content variation (from 0·52 up to 1·95%) gives only 1·3% relative error on a 1·5% Pb in the ore level.

The block diagram of the instrument elaborated for the checking of moving ore and based on the spectral relation method is in Fig. 4. The instrument consists of the detector-source unit and electronic circuitry which provide the information processing with the interfering factors compensation. This instrument can be used for commodity ore checking in trolley-cars, dump trucks, dump-cars and other open containers. The instrument is completely automatic and permits to get rapidly objective information and can be used in a technological process automatic control system. The putting of the instrument into operation on the pilot ore dressing factory demonstrates the good agreement the instrument results with the results obtained by the standard chemical method. For the classifier flow out results evaluation the ore from the containers, after 2—3 checking by the instruments was processed by the pilot plant. The results received from pilot plant differ from the instrument results not more than 10—12% relative (correlation factor more than 0·9 the instrument measurement time 3—5 s).

The pilot plant exploitation of the instrument shows that it meets the factory requirements by the results stability and accuracy.

Received April 23, 1980

References

[1] *Т. С. Александрина, Б. П. Булатов, В. Я. Нагорный, С. П. Троицкий, Н. Н. Терентьев*, Изотопы в СССР 45 (1976) 6

[2] *Б. П. Булатов, Н. Ф. Андрющин*, Обратно-рассеянное гамма-излучение в радиационной технике (1971) 171

[3] *С. В. Мамиконян*, Аппаратура и методы флуоресцентного рентгенорадиометрического анализа (1976) 27

[4] *В. П. Варварица, С. В. Мамиконян, Л. В. Мельтцер, К. И. Щекин, В. И. Филатов*, Isotopenpraxis 12 (1976) 475

Ortung von Hüllrohren für Spannkabel in einer Spannbetonbrücke

H. Rötzer[1]), *M. Schmidt*[2])

[1]) Forschungszentrum Seibersdorf; [2]) Baugesellschaft H. Rella & Co.

Bei manchen Spannbetonbrückensystemen werden die Hüllrohre zunächst ohne Spannkabel einbetoniert. Zur Qualitätskontrolle kann man die Lage der Hüllrohre vor dem Einziehen der Spannkabel überprüfen. Die Ortung erfolgt mit Hilfe von Strahlungsquellen, die durch die Hüllrohre gezogen werden und deren jeweilige Positionen mit Strahlungsmeßsonden bestimmt werden. An Hand der gemessenen Punkte kann man über die weitere Verwendbarkeit der Hüllrohre entscheiden.

Keywords

bridges; cesium 137; cobalt 60; coordinates; nondestructive testing; prestressed concrete; tendon tubes

1. Problemstellung

Bei Errichtung einer Spannbetonbrücke mit einem abschnittsweisen Betoniervorgang müssen bei einigen Verfahren die Hüllrohre ohne Spannkabel einbetoniert werden. Nach Fertigstellen mehrerer Abschnitte werden die Spannkabel eingezogen und gespannt [1, 2].

Durch den Betoniervorgang kann es zu Abweichungen der Lage der Hüllrohre von ihrem Sollverlauf kommen. Dadurch können beim Spannvorgang an diesen Stellen unzulässige Spannungskonzentrationen auftreten, die bei starken Abweichungen zum Abplatzen des Betons führen.

Um zu große Ausführungstoleranzen schon frühzeitig zu erfassen und entsprechende Maßnahmen treffen zu können, wurde an einem Brückentragwerk die Möglichkeit untersucht, mittels einer Strahlungsquelle die Lage der Hüllrohre mit einer ausreichenden Genauigkeit zu orten. Dieses Brückentragwerk war in Form eines Hohlkastens ausgeführt, in dessen Bodenplatte die Hüllrohre für die nachträglich einzuziehenden Spannkabel lagen.

Anschriften: [1]) 2444 Seibersdorf, Österreich; [2]) Meischlgasse 34, 1232 Wien, Österreich

2.1. Beschreibung der Meßmethode

Um die Lage der Hüllrohre im Beton festzustellen, wurde ein Molch, in dem sich eine Strahlungsquelle befand, mit Hilfe eines Spannkabels durch ein Rohr bewegt. In bestimmten Abständen wurde die Lage des Molches von außen mit einer Strahlungsmeßsonde geortet, d. h., es wurde an der Betonoberfläche der Punkt bestimmt, an dem die Zählrate jeweils am größten war. Die Koordinaten dieser Punkte und eine evtl. Neigung der Betonoberfläche an dieser Stelle wurden vermessen und daraus die horizontale Lage der Hüllrohre ermittelt. Die Beurteilung der Lage der Hüllrohre in vertikaler Richtung konnte durch einen Vergleich der Werte der gemessenen maximalen Zählraten erfolgen.

Als Strahlungsquelle wurde ^{137}Cs mit einer Aktivität von 7,4 · 10^7 Bq (2 mCi) für geringe Betonüberdeckungen bis ca. 20 cm verwendet. Für größere Überdeckungen bis 35 cm wurde eine ^{60}Co-Quelle mit einer Aktivität von 11,1 · 10^7 Bq (3 mCi) eingesetzt.

Die Strahlungsmessungen wurden mit einer tragbaren batteriebetriebenen Szintillationsmeßsonde durchgeführt, die Anzeige der Zählraten erfolgte über ein Ratemeter.

Der Szintillationsdetektor war mit einem Bleikollimator versehen. Das Gesamtgewicht der Sonde betrug damit ca. 3 kg, sie konnte so von einer Person mehrere Stunden hantiert werden.

Eine an einem Punkt gemessene maximale Zählrate bedeutet nach dem Absorptionsgesetz

$$I = I_0 \cdot B\,(\mu d, E)\; e^{-\mu d}$$

mit

I = Zählrate hinter Absorberschicht

I_0 = Zählrate ohne Absorber

μ = Absorptionskoeffizient

d = Dicke der absorbierenden Schicht

B = Dosisaufbaufaktor

E = Energie der Strahlung

daß das Produkt μd ein Minimum hat. Es wird also die Strecke mit der geringsten Absorption ermittelt. Wenn der Absorptionskoeffizient konstant ist, wird die kürzeste Strecke erhalten. Bei unterschiedlichem Absorptionskoeffizient kann auch eine längere Strecke die geringste Absorption aufweisen. Im vorliegenden Fall konnten Unterschiede im Absorptionskoeffizient durch evtl. Dichteunterschiede des Betons, durch die im Beton liegende schlaffe Bewehrung oder durch übereinanderliegende Hüllrohre verursacht werden. Der Einfluß dieser Inhomogenitäten auf die Genauigkeit der Ortung der Hüllrohre wurde in Vorversuchen untersucht.

2.2. *Vorversuche*

Die Meßmethode wurde in Vorversuchen erprobt, um ihre Leistungsfähigkeit zu erfassen und den Einsatz auf der Baustelle reibungslos abwickeln zu können.

Dazu wurde ein Versuchsstand errichtet, der den Gegebenheiten am Bauwerk weitestgehend angepaßt war. Dieser Versuchsstand (Abb. 1) war aus Sand sowie Betonplatten und -prismen zusammengesetzt, er enthielt Hüllrohre, die teilweise übereinander lagen, und ein Bewehrungsnetz. Weiters konnte auch eine keilförmige Betonplatte aufgesetzt werden, um die schrägen Flächen im Inneren des Hohlkastens zu simulieren.

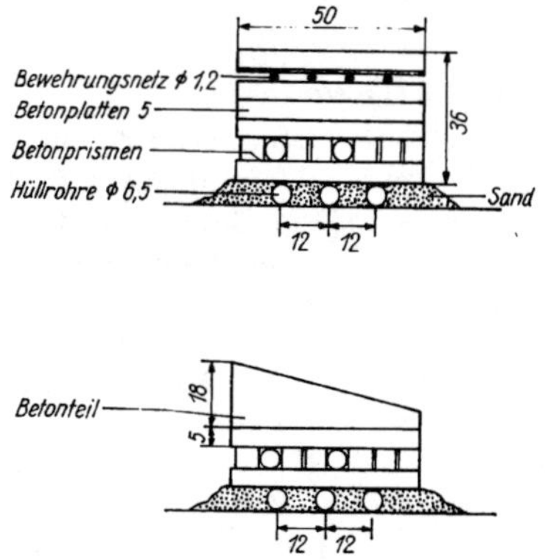

Abb. 1. Meßanordnung für die Vorversuche
Maße in cm

Aus den Vorversuchen wurden folgende Ergebnisse erhalten: Aufgrund von Daten über die Absorption von Gammastrahlung im Beton [3] und von Probemessungen wurden für Betonüberdeckungen unter 20 cm eine $7{,}4 \cdot 10^7$ Bq (2 mCi) — ^{137}Cs-Quelle und für größere Betonüberdeckungen bis 35 cm eine ^{60}Co-Quelle mit 11,1 Bq (3 mCi) ausgewählt.

Die Ortung der Hüllrohre war bei diesen Versuchen mit einer Genauigkeit von $\pm 0{,}5$ cm möglich.

Eine schlaffe Bewehrung, wie sie im Bereich der Hüllrohre im Brückentragwerk verlegt wurde, hatte keinen Einfluß auf das Meßergebnis.

Hüllrohre im durchstrahlten Bereich mußten mit einem ähnlich dichten Material wie Beton gefüllt werden.

Geringe Dichteschwankungen des Betons beeinflußten das Ergebnis nicht, da die Zählratenmaxima aufgrund der Kollimierung sehr deutlich ausgeprägt waren.

2.3. *Alternative Meßmethoden*

Im Rahmen der Vorversuche wurden auch alternative Meßmethoden untersucht.

Folgende Verfahren wurden in Betracht gezogen: [3, 4]

Durchstrahlungsmessung
Rückstreumessung
Magnetische Messung.

Eine Durchstrahlungsmessung ist ungünstiger für die Ortung der Hüllrohre, da sie wesentlich stärkere Strahlungsquellen erfordert. Außerdem wäre es sehr schwierig, am Brückentragwerk eine Meßgabel mit Quelle und Detektor zu koordinieren, da eine der beiden Einheiten sich im Hohlkasten und die andere außerhalb befinden müßte. Eine Radiographie würde zu lange Belichtungszeiten erfordern, bei Verwendung einer einzigen Strahlungsquelle wäre die Versuchsdauer viel zu groß.

Eine Ortung aufgrund der Rückstreuung von Gammastrahlung erwies sich als zu unempfindlich wegen der beträchtlichen Betonüberdeckung.

Magnetische Verfahren konnten vor allem wegen des störenden Einflusses der schlaffen Bewehrung, die wesentlich näher an der Betonoberfläche liegt als die Hüllrohre, nicht angewendet werden.

3. Praktische Durchführung der Messungen

Die Sollage der Hüllrohre in der Bodenplatte des Hohlkastens ist aus Abb. 2 ersichtlich. Die Messungen erfolgten, wenn möglich, von der den Hüllrohren näherliegenden Betonoberfläche. Teilweise mußten sie jedoch, in Ermangelung eines Gerüstes, von der entfernteren Seite aus geortet werden.

Die Strahlungsquelle wurde in einem Ziehstrumpf, wie er üblicherweise zum Einziehen von Spannkabeln verwendet wird, in Isolierwolle gebettet, eingebaut. Mit einem Spannkabel mit einem Durchmesser von 6 mm wurde der Ziehstrumpf dann durch das jeweilige Hüllrohr gezogen. Dabei wurde die Quelle zuerst in die Nullstellung an einem Hüllrohrende gebracht und das am anderen Ende herausragende Spannkabel gekennzeichnet. Von hier aus wurde

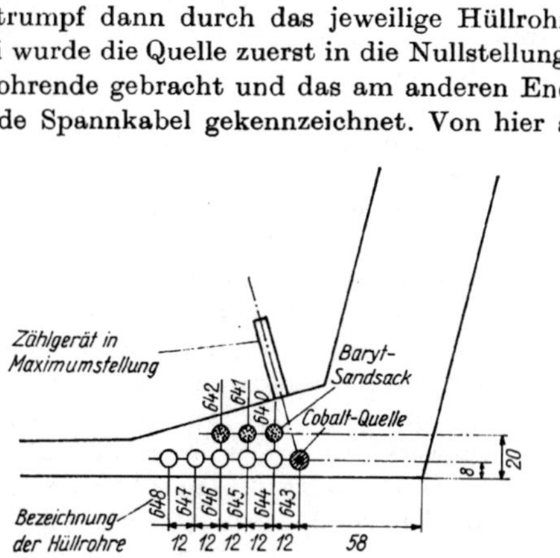

Abb. 2. Soll-Lage der Hüllrohre im Brückenquerschnitt
Maße in cm

die Quelle dann weiter positioniert. Die Meßpunkte wurden je nach statischen Gesichtspunkten in verschiedenen Abständen gewählt. In Hüllrohren, die im durchstrahlten Bereich lagen, wurden Plastiksäcke, die mit dicht gerütteltem Barytsand gefüllt waren, in dieselbe Position wie die Quelle gebracht.

Die Bestimmung der maximalen Zählraten erfolgte durch Abtasten der Betonoberfläche mit der Meßsonde in jeweils zueinander senkrechten Richtungen. Die Messungen erfolgten in der Umgebung der Sollage, die aufgrund des Maßstabes auf dem am Molch befestigten Spannkabel bekannt war. Nach dem Abtasten in einer Richtung wurde vom Punkt des jeweiligen Maximums aus in der dazu senkrechten Richtung gesucht. Durch den Kollimator am Strahlungsdetektor zeigte sich der kürzeste und senkrechte Abstand zur Quelle durch einen sehr starken und signifikanten Zählratenanstieg.

Der Punkt des jeweiligen Strahlungsmaximums wurde an der Betonoberfläche markiert und seine Koordinaten sowie die Neigung der Betonoberfläche aufgenommen und durch tabellarische Auswertung die Position der Strahlungsquelle bestimmt.

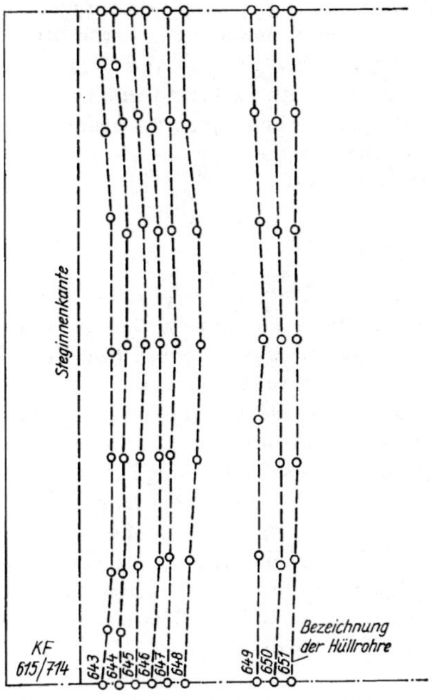

Abb. 3. Ist-Lage der Hüllrohre in einem Brückenabschnitt
KF = Koppelfuge

4. Ergebnisse und Diskussion

Aus den Messungen wurde die Ist-Lage der Hüllrohre erhalten. Die horizontale Lage der Hüllrohre wurde in einen Plan des entsprechenden Brückenabschnittes eingezeichnet. Abb. 3 zeigt ein Beispiel eines solchen Planes.

Tab. 1. Maximale Zählraten bei der Ortung eines Hüllrohres

Meßpunkt	Abstand von der Koppelfuge in cm	Zählraten max. Imp/s
1	33	6700
2	83	6400
3	163	6800
4	246	6600
5	327	6700
6	395	6700
7	502	6800
8	670	6600
9	756	6700
10	830	6600

Außerdem wurde in Tabellenform zu jedem Punkt die gemessene Zählrate angegeben und damit auch ein Hinweis auf die vertikale Lage der Hüllrohre erhalten, bei der aber Abweichungen vom Sollverlauf nicht zu erwarten waren. Tab. 1 gibt dazu ein Beispiel.

Die Ergebnisse zeigen, daß mit Hilfe dieser Methode eine Ortung der Hüllrohre zum Vergleich der Ist- mit der Sollage möglich ist. Durch Probebohrungen wurde gezeigt, daß die Genauigkeit der Ortung den bei den Vorversuchen ermittelten Werten entsprach. Aufgrund der Meßergebnisse kann der Statiker bestimmen, ob die Spannkabel in den vermessenen Hüllrohren im geplanten Ausmaß oder nur teilweise gespannt werden dürfen.

Eingegangen am 10. 6. 1980

Literatur

[1] *E. Leonhard*, Spannbetonbau für die Praxis. Verlag W. Ernst u. Sohn, Berlin 1962
[2] *E. Hampe*, Vorgespannte Konstruktionen. VEB Verlag für Bauwesen, Berlin 1964
[3] *E. Pohl*, Kerntechnik im Bauwesen. VEB Verlag für Bauwesen, Berlin 1964
[4] *E. Pohl*, Zerstörungsfreie Prüf- und Meßmethoden für Beton. VEB Verlag für Bauwesen, Berlin 1969

Application of Destructive Neutron-Activation Analysis for Determination of Microelements in *Zostera marina* and *Ulva lactuca*

A. Damyanova, M. Lazarova, G. Dechev

(Bulgar. Acad. Sciences, Inst. of Nuclear Reaserch and Nuclear Energy, Sofia)[1])

The content of micro- and macroelements was investigated in two algal species from the Bulgarian Black Sea aquatoria. The radiochemical variant of neutron-activation analysis is used for elimination of the harmful activities of the macro-components ^{24}Na, ^{42}K, ^{32}P, which makes it possible to determine ^{56}Mn, ^{64}Cu, ^{76}As.
The quantitative composition of the elements Fe, Co, Cr, Cd, Se, Zn, Ce, Sc, Rb, Au, Sm, As, Cu, Mn, Sb, Hg was measured.

Keywords

activation analysis; algae; multi-element analysis; trace amounts

The determination of quantities of microelements contained in different biological objects (vegetatives, animals, etc.) is of considerable interest in view of the participation of these elements in physiological processes. Tracing of the way of incorporation of the elements in the metabolic cycles of the organisms and plants and hence in the nutrition chains reaching man has been studied by a number of authors [1–3].

The use of modern methods of analysis, e.g. the neutron-activation method, contributes to the rapid and precise solution of a number of problems in hydrology, biology etc. [4–6]. The nondestructive method of neutron-activation analysis cannot always be used in the determination of some microelements in biological objects. The activation analysis for determination of elements in plant material recently acquired particularly wide application, with the possibilities of applying methods of radiochemical separation of radionuclides. These methods propose devision of the radionuclides in groups facilitating gamma-spectrometric analysis or the elimination of the harmful activities of the macrocomponents ^{24}Na, ^{42}K, ^{32}P which makes it possible to determine ^{56}Mn, ^{64}Cu and ^{76}As [7].

[1]) Address: Boul. Lenin 72, Sofia 13

Recently there appeared data in the literature on the use of ionexchange resins for elemination of the harmful nuclides in the analysis of biological material [8].

The aim of the present work is the determination of a large number of elements contained in two algal species from the Bulgarian Black Sea aquatoria, using a rapid and sensitive method such as the radiochemical variant of the neutron-activation analysis.

Experimental

The plant material used by us for analysis was collected during the period May–September 1975 from the Bulgarian Black Sea Coast near the town of Bourgas. The two algal species studied, Zostera marina and Ulva lactuca, were collected with strict observance of the conditions guaranteeing purity and protection from dust [10]. After careful separation of the species and double washing in bidistilled water, the algae were dried at 90 °C for 24 hours. After homogenization the samples were irradiated in the channels of reactor IRT-2000. The irradiated samples weighing 80 to 100 mg were later subjected to radiochemical processing using the proposed methods [10]. The standard material used was kale powder Bowen.

Tab. 1. Content of Elements in *Zostera marina*, ppm

Element	Sample 1	2	3	4	5	6	Mean value
Au	0.0072	0.0024	0.0067	0.0033	0.0034	0.0034	0.0044 – 0.0009
Cu	11.6535	9.7980	10.6968	9.1891	7.7630	9.8865	9.8912 – 0.59
As	0.1893	0.0716	0.1672	0.2424	0.4278	0.1869	0.2142 – 0.53
Mn	60.1922	40.6500	57.8699	48.5791	–	44.2790	50.314 – 4.238
Sm	0.3828	0.5272	–	0.3411	0.2676	0.3908	0.3819 – 0.0379
Cd	6.00	6.80	9.20	6.41	7.43	7.04	7.15 – 0.50
Se	0.32	0.33	0.10	0.13	0.17	0.27	0.22 – 0.04
Cr	1.25	1.55	1.43	1.69	1.75	–	1.53 – 0.10
Sb	0.83	0.95	0.93	0.75	0.99	1.01	0.91 – 0.04
Sc	0.016	0.020	0.021	0.020	0.017	0.014	0.018 – 0,001
Fe	647.77	784.51	559.25	699.64	–	659.40	670.17 – 41.00
Zn	34.29	36.61	36.37	39.94	31.42	45.25	37.31 – 2.14
Co	6.66	5.66	6.60	7.10	5.66	6.38	6.34 – 0.26
Hg	0.44	0.38	–	0.40	0.59	0.58	0.48 – 0.05
Ce	0.85	0.60	0.53	0.90	0.72	–	0.72 – 0.08

Tab. 2. Content of Elements in *Ulva lactuca* ppm

Element	Sample						Mean value
	1	2	3	4	5	6	
Au	0.0152	0,0143	0.0147	0.0111	0.0102	0.0109	0.0127 ± 0.001
Cu	9.3725	13.2783	9.6664	9.5255	12.1932	—	10.8072 ± 0.9024
Sm	0.6431	0.5231	0.4203	0.4955	0.4690	0.4117	0.4938 ± 0.0173
Cd	3.6013	3.6955	5.0781	3.5976	3.7726	5.1452	4.1484 ± 0.035
Se	0.3948	0.7699	0.4243	—	0.5448	0.4934	0.5254 ± 0.0744
Sb	0.6091	0.4821	0.5718	—	0.4861	0.4026	0.5103 ± 0.041
Sc	0.0164	0.0122	0.0157	0.0127	0.0229	0.0199	0.01584 ± 0.0021
Fe	170.9082	161.8082	—	186.9188	164.5312	177.7918	168.1513 ± 6.1826
Zn	31.99	—	33.79	32.34	—	37.42	33.88 ± 2.48
Co	0.1846	0.1022	0.1241	0.1919	0.1934	0.1167	0.1521 ± 0.019
Hg	—	0.7255	0.9236	0.7044	0.7000	0.7526	0.7612 ± 0.0456
Rb	179.95	166.42	163.77	163.50	—	184.78	171.69 ± 4.98

For determination of copper after ^{64}Cu, arsenic after ^{76}As and manganese after ^{56}Mn the samples and standards were irradiated for three hours using a neutron flux $3{\cdot}6 \times 10^{12}$ n $\cdot$ cm^{-2} s^{-1}. Zn(^{69m}Zn), Hg(^{197}Hg), Au(^{198}Au), Sm(^{153}Sm) were also quantitatively determined under these conditions of irradiation. The results obtained for them coincide with the results of the 18-hour irradiation for Zn(^{65}Zn), Hg(^{203}Hg), Au(^{198}Au), Sm(^{153}Sm).

For quantitative determination of microelements from which longlife isotopes are obtained after neutron irradiation, the samples and the standards were irradiated for 18 hours with a flux of 2×10^{13} n $\cdot$ cm^{-2} s^{-1}.

Spectrometric analysis of the irradiated samples was performed using a Ge/Li-detector with 18 cm^3 active volume and 2·4 keV resolution at 1332 keV gamma-line of ^{60}Co. The information was received by a 4000-channel amplitude analyzer of the Didac type. The numerical data obtained were processed by the method of *Covell* [11].

The results obtained for the two algal species studied are presented in Tab. 1 and 2.

Results and Conclusions

The data about the quantitative composition of the elements indicated in the tables are obtained by gamma-spectrometric analysis of their respective isotopes ^{59}Fe, ^{60}Co, ^{51}Cr, ^{115}Cd, ^{46}Sc, ^{65}Zn, ^{144}Ce, ^{75}Se, ^{86}Rb, ^{198}Au, ^{153}Sm, ^{76}As, ^{64}Cu, ^{56}Mn, ^{122}Sb. Six samples of each species were examined. The mean values and the standard deviation were calculated. The results in the tables are presented in ppm. Compared with the data obtained by other authors [2, 4], our results are of the same order. The higher content of iron and cobalt in Zostera marina and gold in Ulva lactuca should be noted. Quantitative determination of ^{203}Hg was attempted and the results obtained for Zostera marina are within $0{\cdot}38-0{\cdot}59 \times 10^{-6}$ g/g dry weight, and $0{\cdot}70-0{\cdot}96 \times 10^{-6}$ g/g dry weight for Ulva lactuca. These results are close in value to the results obtained by other authors.

The results obtained by means of activation analysis characterize par of the microquantitative composition of the two species of isolated algae.

Received May 13, 1980

References

[1] *T. M. Leatherland, I. D. Burton, F. Culvin*, Deep Sea Research **20** (1973) 679

[2] *T. M. Leatherland, I. D. Burton*, J. Mar. Biol. Ass. **54** (1974) 457

[3] *K. Turekian, A. Katz, L. Chain*, Lim. and Oceanography **18** (1973)

[4] *J. Schmitz, H. Vogg*, Geol. Jb **3** (Hannover) (1972)

[5] *J. Frank, Slovey, D. Hood*, Geoch. Cosmoch. Acta **35** (1971)

[6] *O. T. Hogdahl, S. Melsom, V. T. Bowen*, Advances ın Chemistry Series, 73 (1968)

[7] *V. Marinov, M. Lazarova, M. Michailov, D. Apostolov*, Nuclear energie **4** (in press)

[8] *M. Lazarova*, Nuclear energie **1** (1975)

[9] *Royston H. Filby*, Some problems of trace elements analysis in envi-romental science, Oct. 19, 1972

[10] *V. Marinov, D. Apostolov, M. Lazarova*, Nuclear energie **3** (1976)

[11] *D. F. Covell*, Anal. Chem. **31** (1959) 1785

Kurze Originalmitteilungen

Device for Simultaneous Radiodetection of Double-Labelled Compounds in Plant Material

M. Králová, F. Kysela

(Institute of Experimental Botany Czechoslovak Academy of Sciences, Prague, Czechoclovakia)[1])

Keywords

carbon 14; counting techniques; double labelling; labelled compounds; measuring instruments; phosphorus 32; plants; tritum

Introduction

The analytical techniques to observe various aspects of metabolism in plants make often use of radioisotopes. In most cases radiocarbon is used as a tracer element to follow the biogenesis or turn-over of a given compound. The extension of these methods was possible due to introduction of double-labelling and the pairs of elements such as $^{14}C/^{3}H$, $^{14}C/^{32}P$, $^{32}P/^{33}P$ are commonly utilized.

The simultaneous detection and evaluation of two different radioisotopes are a necessary prerequisite for such a technique and the corresponding devices have been developed to meet this requirement. The frequent use of radiochromatographic and radioelectrophoretic methods requires the appropriate equipment but the demand for corresponding devices often exceeds the supply of the market and the high prices also should be considered.

From these points of view we designed and constructed a device to be used for simultanoeus radiodetection of double-labelled compounds on paper radiochromatograms, thin layer chromatograms, polyacrylamid gels and even for investigating the dried intact plant material.

Description of the Device

The measurements were carried out with the device constructed in the Radiological Department of our institute and it consists of:

1) transport unit (Fig. 1, 2) with the gear box (paper advance speed is 10 – 30 – 120 – 300 – 1200 mm h^{-1})
2) gas -flow proportional counter (Fig. 3) constructed from brass (the anode is a molybdenum wire of 0·03 mm in

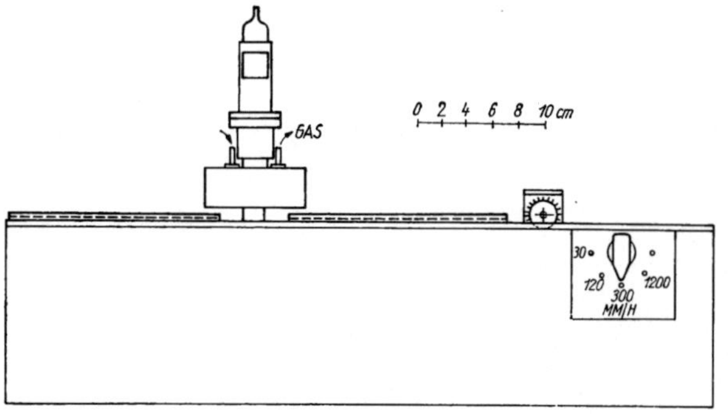

Fig. 1. Schema of the transport unit of the device with the work-gas regulator

[1]) Address: ČS-16630 Praha 6, Ke dvoru 16

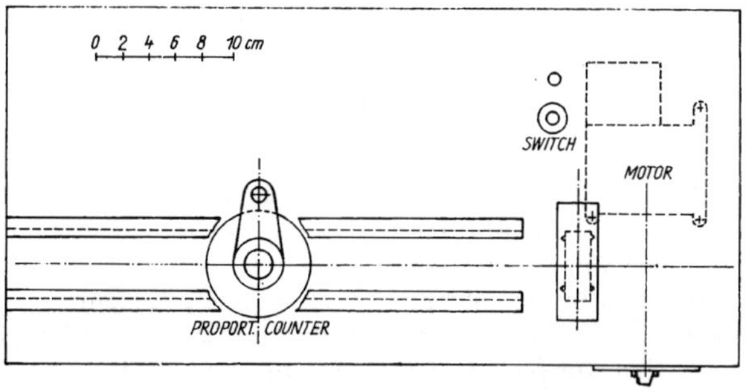

Fig. 2. Top view of the transport unit of the device with the proportional counter

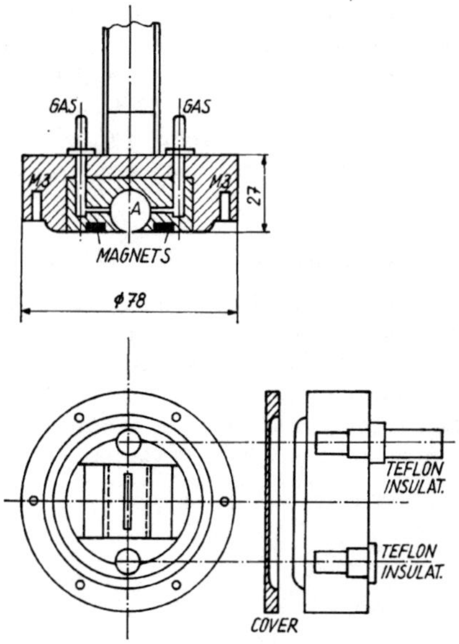

Fig. 3. Gas-flow proportional counter

The front view (above) shows fixing the two permanent magnets to hold the diaphragm. The top view and side view show the window coated by thin Hostaphan foil (size of the window is 20 × 1 mm)

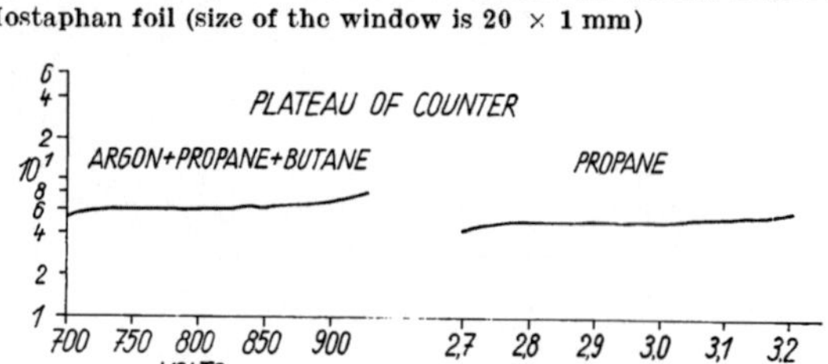

Fig. 4. The diagram introducing the plateau of the proportional counter in the presence of different work gases

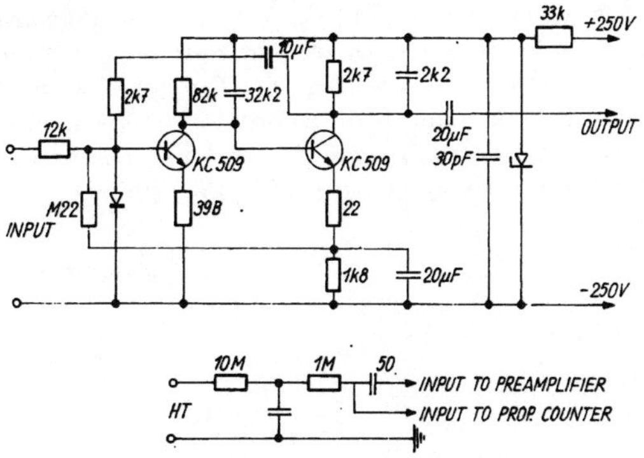

Fig. 5. Block schema of the preamplifier for the proportional counter

Fig. 6. General view of the device for simultaneous radiodetection of double-labelled radiocompound with the register

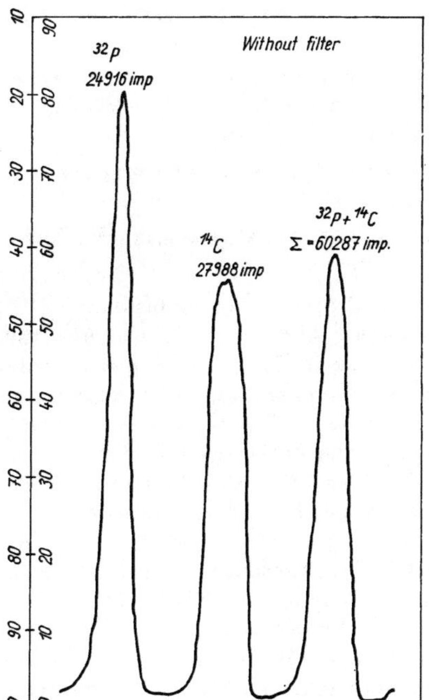

Fig. 7. Radiochromatogram of the double-labelled compound with ^{32}P and ^{14}C measured without the filter

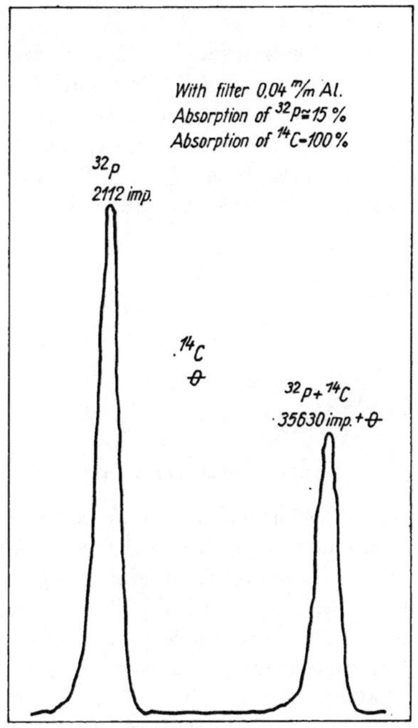

Fig. 8. Radiochromatogram of the double-labelled compound with ^{32}P and ^{14}C measured with Al filter (0·04 mm)

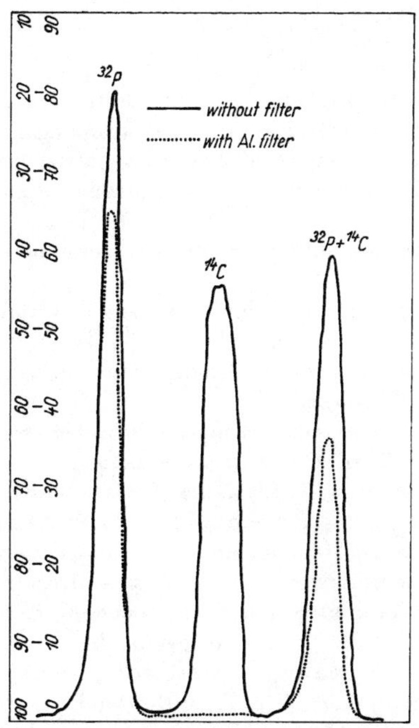

Fig. 9. The comparison of radiochromatograms of the double-labelled compound ^{32}P and ^{14}C without and with Al-filter

diameter), under the cover plate there are situated two permanent magnets to hold diaphragms from steel with the Al-filter, plateau is shown in Fig. 4

3) high voltage supply D.C. to 3 kV
4) preamplifier (Fig. 5)
5) integrator and nuclear scalar with decatrons
6) linear register with the changeable advance speed from 30 to 1200 mm h^{-1} and with paper stripes of 280 mm in the breadth (Fig. 6).

Results

The described device was constructed to detect beat radiation, especially the combination of ^{32}P(^{33}P) and ^{14}C, ^{3}H in extracts as analysed by means of paper-radiochromatography (breadth of spot cca 20 mm), TLC and electrophoresis on polyacrylamid gels (size of 75 × 25 mm or 90 × 10 mm) as well as in the dried intact plant material (e.g. seedlings — 20 mm long).

Results are shown in Fig. 7, 8, 9. The comparison of Fig. 7 and Fig. 8 shows the measurement without and with diaphragm for filtering ^{14}C. The correlation of these two preceeding diagrams is in Fig. 9. The low back-ground of the constructed device (8—10 i/min) allows to detect already the activity of 6 Bq (162 pCi).

Received May 21, 1980

Tagungsberichte

Arbeitstagung „Neutronenaktivierungsanalyse in der Werkstofforschung“

In Fortsetzung der wissenschaftlichen Arbeitsberatung zwischen dem Zentralinstitut für Festkörpersphysik und Werkstoffforschung Dresden und dem Forschungsinstitut für Nichteisenmetalle Freiberg wurde in Zusammenarbeit mit dem Zentralinstitut für Kernforschung Rossendorf und der AG Nukleare Analysenverfahren die o. g. Arbeitstagung unter der wissenschaftlichen Leitung von Dr. *R. Stahlberg* vom 28. bis 30. Oktober in Cunnersdorf bei Königstein durchgeführt. An der Arbeitstagung beteiligten sich 28 wissenschaftliche Mitarbeiter aus der Akademie der Wissenschaften der DDR, aus der Industrie und dem Hochschulwesen. Das Veranstaltungsprogramm umfaßte die Schwerpunkte

- Spuren- und Schichtanalyse
- Neutronenquellen
- Präzision und Richtigkeit bei der Bestimmung von Haupt- und Nebenbestandteilen in Mikromengen
- Grundlagen der Neutronenaktivierungsanalyse
- Apparative Probleme und Entwicklungen, Spektrenauswertung
- Propenpräparation, Standardprobenentwicklung, Applikation
- Erweiterung der Kooperation zwischen den nuklearanalytischen Laboratorien,

zu denen durch nachfolgende Beiträge eine ausführliche Diskussion ermöglicht wurde:

- Probleme Neutronenaktivierungsanalytischer Spurenbestimmungen (Prof. Dr. sc. *Koch* — Leipzig)
- Neutronenaktivierungsanalytische Bestimmung von Verunreinigungen und Tiefenprofilen in Si-Proben unter Einsatz der Beta-Gamma- und Gamma-Gamma-Koinzidenzmeßtechnik (Prof. Dr. sc. *Niese* — Rossendorf)
- Die Rolle der Kerndaten in der Neutronenaktivierungsanalyse (Prof. Dr. sc. *Niese* — Rossendorf)
- Grundlegende Fragen zur Verbesserung von Präzision und Richtigkeit bei Hauptbestandteilsbestimmungen (Dr. R. *Stahlberg* — Dresden)
- Weiterentwicklung der Gammaspektroskopie im ZfK und Selektivitätsprobleme (Dr. sc. *W. Görner* — Rossendorf)
- Apparative Entwicklungen zur Messung kurzlebiger Nuklide (Dr. sc. *W. Görner* — Rossendorf)
- Einsatz von Neutronenquellen unter besonderer Berücksichtigung industrieller Belange (Dr. *Holzhey* — Freiberg)
- Probleme bei der Präparation von Si-Proben zur aktivierungsanalytischen P-Profilbestimmung (Dr. *J. Flachowsky* — Leipzig)
- Erfahrungen bei der Spuren- und Schichtanalyse in Halbleitermaterialien (*J. Dubnack* — Stahnsdorf)
- Spezielle Probleme bei der Spuren- und Schichtanalyse (Dr. *K. Wagner* — Berlin)
- Das Zyklotron als Neutronenquelle (*D. Birnstein* — Rossendorf)
- Zur Fehlerreduzierung in der zerstörungsfreien Neutronenaktivierungsanalyse unter besonderer Berücksichtigung höherer Elementkonzentrationen (*M. Kubsch*, *U. Herrmann*, Dr. *R. Stahlberg* — Dresden)
- Probleme der Selbstabschirmung und der quantitativen Korrektur von Flußinhomogenitäten für Proben und Standards bei Reaktoraktivierung (*U. Herrmann*, *M. Kubsch* — Dresden)
- Charakterisierung und Korrektur der Zählverluste durch Einsatz eines Pseudo-*Poisson*-Referenzgenerators (*M. Kubsch* — Dresden)
- Probleme bei der Spektrenauswertung für Mono- und Multielementbestimmung (*U. Herrmann* — Dresden)
- Computeranwendung zur Spektrenauswertung (*Gründel* — Stahnsdorf)
- Spezielle Probleme in der Gammaspektrometrie (*Ludwig* — Freiberg)
- Erfahrungen bei der Anwendung des ungarischen Vielkanalanalysatorsystems NTA 1024/EMG 666 (*Deicke*, Dr. *J. Flachowsky* — Leipzig)
- Probenpräparation bei 14-MeV-Neutronenaktivierung (Dr. *H. Förster* — Freiberg)
- Standardproben auf Kunstharzbasis (*M. Kubsch*, *U. Herrmann* — Dresden).

Die Vorträge ermöglichten einen umfassenden Überblick über den derzeitigen Stand sowie die weiteren Entwicklungen und Tendenzen in der Neutronenaktivierungsanalyse. Der Erfahrungsaustausch konzentrierte sich einerseits auf den problemorientierten Einsatz der Methode und andererseits auf methodische Fortschritte in den aktivierungsanalytischen Labors der DDR. Durch die umfassenden und sachkundigen Beiträge wurden die Kenntnisse zu den analytischen Aufgaben und über die analytischen Möglichkeiten in den beteiligten Einrichtungen wesentlich vertieft. Alle Teilnehmer sprachen sich übereinstimmend für die regelmäßige Fortsetzung des wissenschaftlichen Meinungsaustausches innerhalb der AG Nukleare Analysenmethoden aus und äußerten sich sehr anerkennend über Niveau und Organisation der Arbeitstagung.

M. Kubsch

Informationen

UdSSR. Nummer 9/1980 der Zeitschrift „Atomnaja energija" enthält u. a. folgende Beiträge:
Die Energetik der Sonne (*N. YA. Wlasow*);
Röntgenelektronische Untersuchung der Oxydation von Stählen im Wärmeträger auf der Grundlage von N_2O_4 (*A. G. Akimow* u. a.);
Katalytische Fluorierung von Urantetrafluorid und Uranylfluorid (*G. A. Jagodin* u. a.);
Über den Mechanismus des Radontransports in Gesteinen und die Eindringtiefe von Emanationsmethoden zur Erkundung von radioaktiven Erzen (*M. M. Sokolow* u. a.);
Ein halbempirischer Ausdruck zur Berechnung des mittleren Energieverlustes schwerer Ionen in Materie (*J. L. Potemkin* u. a.);

Kurze Originalmitteilungen:

Spektral-Winkel-Charakteristika der Protonenkomponente des Strahlungsfeldes hinter der Abschirmung eines 660-MeV-Synchrozyklotrons (*W. J. Aleinikow* u. a.);
Verteilung langsamer Neutronen in poly- und monokristallinen Siliziumproben (*O. N. Jefimowitsch* u. a.);
Querschnitte von (n, p)- und (n, α)-Reaktionen an Nukliden des Chroms, Eisens, Kupfers und Molybdäns bei einer Neutronenenergie von 14,8 MeV (*O. I. Artemew* u. a.).

UdSSR. Heft 10/1980 der Zeitschrift „Atomnaja energija" enthält u. a. folgende Arbeiten:
Untersuchung der chemisch-technologischen Regime einiger KKW-Kreisläufe mit Hilfe von Radiotracern (*W. M. Sedow* u. a.);
Grundprinzipien der Gewährleistung der nuklearen Sicherheit bei Projekten für Transportbehälter (*W. P. Iljin* u. a.);
Bestimmung des Abbrandes und der Isotopenzusammensetzung von abgebranntem WWER-365-Brennstoff (*A. W. Stepanow* u. a.);
Die Zerstäubung dünner Metallfolien durch Kernspaltprodukte (*I. S. Bitenski*);
Bildungsquerschnitte von Gammaquanten bei der Wechselwirkung schneller Neutronen mit Kohlenstoff-, Blei- und Rheniumkernen (*M. W. Sawin* u. a.);
Gruppen- und Gesamtbildungsquerschnitte von Gammaquanten bei der nichtelastischen Wechselwirkung von 14-MeV-Neutronen mit verschiedenen Kernen (*W. M. Besotosni* u. a.);
Gehalt von ^{232}Th, ^{238}U und ^{40}K in verschiedenen Typen von Photoelektronenvervielfachern (*J. L. Kowaltschuk* u. a.);
Das Natriumtarget eines Injektors für negative Ionen (*B. A. Djatschkow* u. a.);

Kurze Originalmitteilungen:

Einschätzung der Ergebnisse von Messungen der mittleren Spaltquerschnitte von ^{235}U, ^{238}U und ^{239}Pu an den Spaltneutronenspektren von ^{235}U und ^{252}Cf (*L. W. Gorbatschewa* u. a.);
Bindemittel zur Lokalisierung von Rückständen niedriger und mittlerer Aktivität (*K. P. Sacharowa* u. a.);
Dichte, Oberflächenspannung und Viskosität von Urantri- und -tetrafluorid-Schmelzen (*W. N. Desjatnik* u. a.).

DDR. 25 Jahre Kernwissenschaften an der Technischen Universität Dresden — dieses bedeutsame Jubiläum konnte im Herbst 1980 an einer der führenden Hochschuleinrichtungen der DDR gefeiert werden.

In diesen 25 Jahren wurden — vor allem dank der großzügigen wissenschaftlich-technischen Unterstützung durch die Sowjetunion in der Anfangsphase und später auch durch eine enge Zusammenarbeit mit Partnerinstitutionen in der UdSSR und in anderen sozialistischen Ländern auf zweiseitiger Basis und im Rahmen der Ständigen Kommission für die friedliche Nutzung der Atomenergie des Rates für Gegenseitige Wirtschaftshilfe — große Leistungen in Lehre und Forschung vollbracht.

Umfangreiche Lehrprogramme waren die Voraussetzung für die Ausbildung von Studenten in den Spezialrichtungen Kerntheorie, Kernphysik, Strahlenschutzphysik, angewandte Kernphysik, Kernenergetik und Radiochemie sowie chemische Kerntechnik. Zahlreiche Praktika trugen zu einer soliden Ausbildung bei, wozu eine Reihe materieller Voraussetzungen zu schaffen war. Eine davon war der anläßlich der 150-Jahrfeier der TU Dresden im Jahre 1978 in Betrieb genommene Ausbildungs-Kernreaktor. In den genannten Spezialrichtungen wurden seit 1960 nahezu 1200 Absolventen der Volkswirtschaft der DDR sowie den Akademien und Hochschulen zur Verfügung gestellt.

Aber auch auf dem Gebiet der Forschung wurden große Leistungen vollbracht. Erwähnt seien die Erforschung der chemisch bedingten Isomerieverschiebung von Neutronenresonanzen, Untersuchungen zur Chemie des Astats oder solche praxisnahen Probleme der Kerntheorie wie die Analyse von ortsabhängigen Effekten in der Spektraldichtefunktion für das Leistungsrauschen eines unendlichen homogenen Plattenreaktors auf der Basis des Eingruppen-Modells (in Zusammenarbeit mit der Ingenieurhochschule Zittau). Neben diesen Grundlagenuntersuchungen sind aber noch viele Ergebnisse mit großer volkswirtschaftlicher Relevanz zu nennen, z. B. die sicherheitstechnischen Untersuchungen zum 1000-MW(e)-Druckwasserreaktor mit Sicherheitseinschluß (Containment), die präzise absolute Bestimmung von Spaltquerschnitten auf der Grundlage der Kombinierung der Methode der assoziierten Teilchen mit Koinzidenzmessungen, die Entwicklung von Geräten des kernphysikalischen Instrumentierungssystems CAMAC, die Anwendung von Radionukliden in der Polymerindustrie, die Nutzung der Tracertechnik bei zahlreichen Untersuchungen in der Industrie und die Schaffung von physikalischen Grundlagen zur Neutronendosimetrie in gemischten n, γ-Feldern sowie die praktische Realisierung verschiedener Dosimetervarianten.

Viele dieser Arbeiten sind in enger Zusammenarbeit mit nationalen und internationalen Kooperationspartnern entstanden. Eine besondere Stellung unter den internationalen Partnerinstitutionen nimmt dabei das Vereinigte Institut für Kernforschung Dubna ein, während im nationalen Rahmen das Zentralinstitut für Kernforschung Rossendorf der Akademie der Wissenschaften der DDR hervorgehoben werden muß.

Aus Anlaß der 25jährigen Existenz von kernwissenschaftlicher Lehre und Forschung an der TU Dresden fand am 29. November 1980 ein Festkolloquium statt, das unter dem Patronat des Rektors der Technischen Universität stand. An diesem Kolloquium nahmen rund 100 Vertreter aus 15 Institutionen der DDR teil. In 6 Vorträgen wurden aktuelle Ergebnisse der Forschung aus den kernwissenschaftlichen Bereichen der Sektionen Physik, Chemie und Energieumwandlung vorgestellt.

IAEA/Frankreich. Wie bereits berichtet, findet vom 28. September bis 2. Oktober 1981 in Grenoble (Frankreich) eine von der Internationalen Atomenergie-Agentur (IAEA) organisierte „International Conference on Industrial Application of Radioisotopes and Radiation Technology" statt.

Die Hauptthemen der Konferenz werden sein:

- Exploration, Processing and Recycling of Resources
  Use of nuclear technologies for exploration and processing of oil, gas, coal and uranium; use of radiation processing for recycling of resources, such as biomass conversion and sewage sludge treatment
- Application of Radiation Processing
  Current status of industrial radiation processing for plastic, rubber, wood, film, paper, medical supplies, etc.; research and development of new technologies
- Industrial Process and Quality Control
  Use of nuclear techniques for process control in industries, such as paper, steel, plastic and chemistry; dosimetry for radiation processing; radiography; wearing and corrosion studies, etc.
- Economic Benefit
  Economic evaluation for radiation processing and radioisotope techniques; energy and material saving
- Environmental Conservation
  Radiation and nuclear techniques for environmental conservation; radiation treatment of gas, liquid and solid wastes; tracing sources of pollution; avoidance of chemical pollution
- Bioengineering
  Use of radiation processing for bioengineering of enzymes and other biofunctional materials; synthesis of biocompatible materials, etc.
- Equipment, Facilities and Services
  Radiation facilities for processing (^{60}Co and electron beam accelerator); radioisotope supply; nuclear instruments, radiation service industries, etc.
- Technology Transfer to Developing Countries
  Current status of radioisotope and radiation applications in developing countries; transfer of these technologies to developing countries.

Vom Tagungssekretariat wurde eine Reihe von Experten gebeten, Übersichtsvorträge zu speziellen Problemen der Isotopen- und Strahlenanwendung in der Industrie zu halten. Außerdem sind verschiedene Rundtischgespräche vorgesehen.

IAEA. Im Bulletin 5/6 — 1980 der Internationalen Atomenergie-Agentur sind u. a. folgende Beiträge enthalten:
Benefits and Risks: Their Assessment in Relation to Human Needs (*T. A. Kletz*);
Cost-Benefit Analysis and Radiation Protection (*J. U. Ahmed, H. T. Daw*);
Ausgewählte Beiträge vom Symposium „The Respective Risks of Different Energy Sources" (Paris, 24.—26. Januar 1980):
Comparative Risks from Different Energy Systems: Evolution of the Methods of Studies (*L. D. Hamilton*);
Studies of Risks from Different Energy Sources: Methodological Comments (*M. Bertin*);
Health Risks Due to the Use of Nuclear Energy for Electric Power Generation (*M. Tubiana*);
Methodology of Energy Risk Comparisons (*F. R. Farmer*);
The Approach of a Regulatory Authority of the Concept of Risk (*H. J. Dunster*);

Tagungsberichte:

Management of Alpha-Contaminated Wastes (IAEA/CEC-Symposium, Wien, 2.—6. Juni 1980);
Plasma Physics and Controlled Nuclear Fusion Research (8. Internationale Konferenz, Brüssel, 1.—10. Juli 1980).

IAEA. Neue IAEA-Publikationen:
Advances in Radiation Protection Monitoring (Proc. Series-STI/PUB/494);
Application of the Dose Limitation System for Radiation Protection: Practical Implications (Proc. Series-STI/PUB/521);
Basic Requirements for Personnel Monitoring — 1980 Edition (Safety Series No. 14 — STI/PUB/559);
Occupational Radiation Exposure in Nuclear Fuel Cycle Facilities (Proc. Series-STI/PUB/527);
Development of Regulatory Procedures for the Disposal of Solid Radioactive Waste in Deep, Continental Formations (Safety Series No. 51 — STI/PUB/540);
Factors Relevant to the Decommissioning of Land-Based Nuclear Reactor Plants (Safety Series No. 52 — STI/PUB/541);
Guide to the Safe Handling of Radioactive Wastes at Nuclear Power Plants (Tech. Rep. Series No. 198 — STI/PUB/10/198);
Separation, Storage and Disposal of Krypton-85 (Tech. Rep. Series No. 199 — STI/DOC/10/199);
Radiological Surveillance of Airborne Contaminants in the Working Environment (Safety Series No. 49 — STI/PUB/484);
Safety Functions and Component Classification for BWR, PWR and PTR: A Safety Guide (Safety Series No. 50-SG-D1-STI/PUB/542);
Seismic Analysis and Testing of Nuclear Power Plants: A Safety Guide (Safety Series No. 50-SG-S2 — STI/PUB/545);
Site Selection and Evaluation for Nuclear Power Plants with Respect to Population Distribution: A Safety Guide (Safety Series No. 50-SG-S4 — STI/PUB/569).

IAEA. Der gemeinsame Expertenausschuß für Fragen der Genießbarkeit bestrahlter Lebensmittel, der von der Ernährungs- und Landwirtschaftsorganisation der Vereinten Nationen (FAO), der Weltgesundheitsorganisation (WHO) und der Internationalen Atomenergie-Agentur (IAEA) unterstützt wird, erklärte, daß kein toxikologisches Risiko entsteht, wenn Lebensmittel irgendwelcher Art zu Konservierungszwecken mit einer Dosis bis zu 10 kGy (1 Mrd) bestrahlt werden. Deshalb ist es nicht mehr erforderlich, die so behandelten Lebensmittel auf Toxizität zu prüfen. Bei ungefähr 95% der strahlenbehandelten Lebensmittel benötigt man heute eine wesentlich geringere Dosis als 10 kGy. Der 1961 gegründete Ausschuß empfahl bereits 1976 die Zulassung bestrahlter Erdbeeren, Papayas und Hühner sowie die provisorische Zulassung von Reis, Zwiebeln und einer Mischung aus Dorsch und Rötling. Auf Grund dieser Empfehlungen haben bereits 22 Länder, darunter Bulgarien, Frankreich, Kanada, die Niederlande, die Sowjetunion und Ungarn, uneingeschränkt oder vorläufig die Strahlenkonservierung von Lebensmitteln wie tiefgekühlten Fertigmahlzeiten für Krankenhäuser, Dorsch-

und Schellfischfilets, Huhn, Gewürzen, Erdbeeren, Pilzen, Zwiebeln und Kartoffeln gestattet.

Die Entscheidung, daß bei Konservierung mit einer Dosis von nicht mehr als 10 kGy die Lebensmittel nicht mehr toxikologisch untersucht zu werden brauchen, dürfte die breitere Anwendung der Strahlenkonservierung erleichtern. Dieses Ergebnis wird an die Codex Alimentarius-Kommission, das Exekutivorgan des Nahrungsmittelstandard-Programms der FAO und WHO, weitergeleitet.

BRD. In der BRD stieg im Jahre 1979 gegenüber dem Vorjahr die Einfuhr von Radionukliden, umschlossenen Strahlenquellen ab 50 Ci und Bestrahlungsproben, bezogen auf die Aktivität, um 61,3%, die Ausfuhr um 82,0%.

Der Import an Radionukliden betrug 266875 Ci (+65,8%), an umschlossenen Strahlenquellen (ab 50 Ci) 476682 Ci (+60,5%). Die Einfuhr an Bestrahlungsproben ging auf 265 Ci zurück (−91,9%). Bei einzelnen Radionukliden nahmen Tritium, ^{60}Co, ^{99}Mo, ^{192}Ir und ^{198}Au die Spitzenposition ein (Importanteil 98,7%): ^{60}Co 159223 Ci (+257%), Tritium 66820 Ci (−12%), ^{192}Ir 21554 Ci (−0,6%). Bei umschlossenen Strahlenquellen lauteten die Importzahlen: ^{60}Co 443856 Ci (+66,9%), ^{192}Ir 27852 Ci (−15,4%), ^{137}Cs 14974 Ci (+247,4%).

Exportseitig war bei Radionukliden ein Rückgang um 12,7% auf 41583 Ci zu verzeichnen, bei umschlossenen Strahlenquellen eine Steigerung um 134% auf 202676 Ci. Bei einzelnen Radionukliden entfielen auf Tritium, ^{99}Mo und ^{192}Ir mit zusammen 39661 Ci 95,4% der ausgeführten Gesamtaktivität. Bei umschlossenen Strahlenquellen stieg der Export von ^{60}Co um 106,9% auf 149452 Ci, ^{90}Sr blieb mit 39900 Ci konstant, ^{241}Am stieg um 298% auf 3424 Ci, ^{192}Ir ging um 24% auf 9400 Ci zurück (nach „atw" 11/1980).

BRD. Nach offiziellen Angaben wurden 1977 ca. 20845 m³ 1978 ca. 19088 m³ und 1979 ca. 18934 m³ radioaktive Rückstände an zentrale Sammelstellen und Kernforschungszentren der BRD abgeliefert.

Von den 1979 eingegangenen Rückständen waren 6074 m³ Festabfälle, 12791 m³ Flüssigabfälle und 69 m³ Spezialrückstände. In das ehemalige Salzbergwerk Asse wurden 1977 ca. 4678 m³ und 1978 ca. 8258 m³ (Volumen einschließlich Verpackung und Abschirmung) eingelagert (nach „atw" 11/1980).

BRD. Das Kernforschungszentrum Karlsruhe hat im KfK-Bericht Nr. 3000 die Ergebnisse einer umfangreichen Studie zum „Vergleich der verschiedenen Entsorgungsalternativen und Beurteilung ihrer Realisierbarkeit" vorgelegt. Ausgehend vom derzeitigen Wissensstand in der Welt werden das integrierte Entsorgungskonzept für abgebrannte Brennelemente und die direkte Endlagerung abgebrannter Brennelemente untersucht, bewertet und miteinander verglichen.

Als Vergleichskriterien wurden die technische Durchführbarkeit, die Sicherheitstechnik, die Ökologie, die Energie-, Rohstoff- und Technologiepolitik sowie das Proliferationsrisiko berücksichtigt. In beiden Fällen wurde von einem Salzbergwerk als Endlagerstätte ausgegangen. Auf Grund der Ergebnisse der Studie wird festgestellt, daß derzeit keine wissenschaftlich-technischen Gründe erkennbar sind, die eine direkte Endlagerung abgebrannter Brennelemelte als nicht realisierbar erscheinen lassen (nach „atw" 12/1980).

UdSSR. Nummer 11/1980 der Zeitschrift „Atomnaja Energija" enthält u. a. folgende Beiträge:

Theorie der nichtstationären Neutronenbremsung in schweren Medien mit beliebigen Streu- und Einfangquerschnitten (*S. A. Nodosenow, G. J. Truchanow*);

Messung des Querschnitts der Reaktion ^{238}U(n, 2n)^{237}U bei Neutronenenergien von 6,5−10,5 MeV (*N. W. Kornilow* u. a.);

Untersuchung der gemeinsamen Adsorption von Krypton, Xenon und Wasserdampf aus gasförmigen KKW-Auswürfen (*I. J. Nachutin* u. a.);

Dünne Folien aus Metallnukliden für Untersuchungen in der Kernforschung (*L. G. Lischenko* u. a.);

Ein stationärer Injektor für 100-keV-Protonenbündel von 1 A mit einer Ionenquelle des Typs „Ionenpumpe" (*G. A. Kowalski* u. a.);

Fragen der Strahlengefährlichkeit von ^{14}C (*I. J. Wasilenko* u. a.);

Kurze Originalmitteilungen:

Untersuchung der Wachstumsgeschwindigkeit von Ermüdungsrissen in Konstruktionsstählen (*L. A. Wainer, W. F. Winokurow*);

Energiespektren der Neutronenstrahlung von abgebranntem WWER-Kernbrennstoff (*N. S. Schimanskaja*);

Ausbeute an Neutronenstrahlung bei abgebranntem WWER-Kernbrennstoff (*N. S. Schimanskaja*);

Ausbeuten an $^{123...126}$J und $^{130...132}$J bei der Bestrahlung von Tellur mit Protonen, Deuteronen und Alphateilchen und von Antimon mit Alphateilchen (*P. P. Dmitriew* u. a.);

Die Gamma-Konstante eines radioaktiven Nuklids im Internationalen Maßeinheitensystem (*N. G. Gusew, W. P. Maschkowitsch*);

Die Ausbeute der Reaktion ^{12}C(p, γ)^{13}N an einem dicken Target (*J. P. Antufjew* u. a.).

Schweiz. Die Schweizerische Vereinigung für Atomenergie (SVA) hat folgende Publikation herausgegeben: „Die Bestimmung der Strahlenbelastung des Patienten in der Röntgendiagnostik und Nuklearmedizin" von *J. Roth*, Universitätsinstitut für Medizinische Radiologie, Kantonsspital Basel (Habilitationsschrift).

Österreich. In Wien wurde für alle auf dem Gebiet der Kerntechnik oder in verwandten Disziplinen wie Radiologie/Nuklearmedizin, Isotopen- und Strahlentechnik, Geologie usw. tätigen Fachleute eine wissenschaftliche Vereinigung, die Österreichische Kerntechnische Gesellschaft (ÖKTG), gegründet.

Großbritannien. Neue Reports der UKAEA:

AERE-M 3054	The design of a simple UHF frequency multiplier
AERE-M 3103	A note on the application of stereometry to fractography
AERE-R 9212	Analysis of irradiated Magnox fuel for fission product and actinide elements
AERE-R 9467	The measurement of nitrogen dioxide levels associated with domestic paraffin convector heaters
AERE-R 9672	Radioactive fallout in air and rain: results to end of 1979
AERE-R 9701	Variable dead time counter 3. A critical analysis

AERE-R 9810	On the conditions required for vacancy loop growth in irradiated metals and alloys
AERE-R 9823	The movement of solutes through aqueous fissures in porous rock
AERE-R 9671	A comparison of image restoration methods
AERE-R 9850	An X-ray study to follow the phase change of epitaxial layers of tin on indium antimonide
ND-R 491(R)	Electron spectroscopy for surface analysis — the ES300 electron spectrometer and its applications
SRD R177	The Metal/Water Explosion Phenomenon — a review of present understanding.

Großbritannien. Neue UKAEA-Reports:

AERE-PR/EMS 7	Environmental and Medical Sciences Division progress report January—December 1979
AERE-R 9582	The quality control of Iodine-123 produced on the Harwell variable energy cyclotron
AERE-R 9586	Computation of ion implantation uniformity
AERE-R 9770	The physical basis of remote sensing measurements at sea
AERE-R 9878	Practical guide to the Pluto small angle scattering spectrometer
AERE-R 9910	Correlation factors for diffusion in dilute interstitial solid solutions
AERE-R 9807	Studies of environmental radioactivity in Cumbria. Part 1. Concentrations of plutonium and caesium-137 in environmental samples from west Cumbria and a possible maritime effect
SRD R184	Sensitivity of Fission Gas Release From Fuel To Gas Bubble Mobility.

Großbritannien. In Beantwortung einer Anfrage im Parlament teilte der Secretary of State for Energy mit, daß in Großbritannien Ende 1979 rund 1000 m³ konzentrierte hochaktive Flüssigrückstände eingelagert waren. Die Abfallmengen aus früheren Prozessen (einschließlich Brennelementhüllen) betrugen ca. 19000 m³, die in Kernkraftwerken eingelagerten 20000 m³ und die plutoniumhaltigen Rückstände 3500 m³. Die hochaktiven Rückstände sollen nach einer angemessenen Abklingzeit verglast werden.

Westeuropa/Kanada. Im November 1980 wurde in Brüssel ein Kooperationsabkommen zwischen Euratom und der Atomic Energy of Canada Ltd. (AECL) über Forschungsarbeiten auf dem Gebiet der Bewirtschaftung und zu Umweltaspekten radioaktiver Rückstände unterzeichnet. Im Rahmen dieses Abkommens sollen zunächst Daten über die Entwicklung umweltfreundlicher Systeme für die Lagerung radioaktiver Rückstände erfaßt und die Auswirkungen der Lagerung radioaktiver Rückstände in harten Gesteinen auf die Umwelt eingeschätzt werden.

USA. Im Lawrence Berkely Laboratory (LBL) der University of California wurde eine Substanz mit der Bezeichnung Licam-C (linear catechoylamide carboxylate) entwickelt, mit der bei Laborversuchen zur gezielten Entfernung von Plutonium aus lebendem Gewebe sehr gute Ergebnisse erhalten wurden.

Mit dieser Substanz gelang es, bei einmaliger Anwendung Mäusen injiziertes Plutonium zu 70% zu entfernen. Es wird erwartet, daß bei wiederholten Gaben dieser Prozentsatz noch gesteigert werden kann.

Bei Licam-C handelt es sich um einen Chelatbildner, der denen ähnelt, die in bestimmten Bakterien vorkommen und zur Bindung von Eisen dienen. Es ist ungiftig und besitzt ein ausreichend niedriges Molekulargewicht, um über die Nieren ausgeschieden werden zu können. Von besonderem Vorteil sind die hohe Spezifität von Licam-C für Plutonium und seine Fähigkeit, Plutonium auch aus Knochen zu entfernen. Andere Substanzen, die zur Dekorporation von Plutonium entwickelt wurden, binden auch lebenswichtige Elemente wie Calcium, Eisen und Zink.

Die Wissenschaftler des LBL planen gegenwärtig ein Forschungsprogramm zur Untersuchung ähnlicher chemischer Verbindungen, die eventuell die Extraktion von Plutonium aus niedrigaktiven Rückständen ermöglichen könnten.

USA. Die Nuclear Regulatory Commission (NRC) teilte mit, daß gegenwärtig in den USA jährlich über 2 Millionen Container mit Radionukliden transportiert werden. Nach Angaben des Ministeriums für Verkehrswesen ereigneten sich in den Jahren 1971—1975 rund 32000 Zwischenfälle beim Transport gefährlicher Güter (hauptsächlich brennbare und aggressive Flüssigkeiten), darunter insgesamt 144 beim Transport von Radionukliden. Dabei wurden in nur 36 Fällen Radionuklide aus den Containern freigesetzt, wobei in der Mehrzahl der Fälle keine tatsächliche Strahlengefährdung auftrat. Diese 144 Zwischenfälle verteilen sich auf die Transportmittel wie folgt: Lufttransport — 74, Autotransport — 65, Eisenbahntransport — 5.

USA. Im National Bureau of Standards (NBS) wurden Messungen zur Präzisierung der Halbwertszeit von ^{241}Pu durchgeführt. Der erhaltene Mittelwert beträgt 12 Jahre. Bisher wurde die Halbwertszeit von ^{241}Pu mit 14,7 Jahren angegeben.

Japan. Mitte 1981 soll mit experimentellen Untersuchungen zur Lagerung niedrigaktiver Rückstände auf dem Boden des Stillen Ozeans begonnen werden. Der dafür vorgesehene Ort liegt rund 700 km von der Südostküste Japans entfernt. Die Rückstände mit einer Aktivität von ca. 100 Ci pro t werden verfestigt und in eine Betonumhüllung eingeschlossen. Vorläufige Erprobungen dieser Methode der Abfallagerung erfolgten in Tiefen von 5000 und 7000 m.

Japan. In Japan wurde als eine Konsequenz aus der Neufassung des Strahlenschutzgesetzes ein neues Japan Radiation Safety Technology Center gebildet, das Aufgaben wahrnehmen soll, die der Regierung auf diesem Gebiet obliegen. Als Präsident wurde *F. Yamazaki*, Managing Director der Japan Radioisotope Association, berufen.

Die Institution soll die Strahlensicherheit fördern, Geräte begutachten und kontrollieren sowie Strahlenschutzfachleute prüfen. Von der Japan Radioisotope Association, dem japanischen Atomforum und rund 200 Firmen, die Radionuklide und Bestrahlungseinrichtungen verwenden, wurde ein Grundkapital von 150 Mill. Yen bereitgestellt.

Buchbesprechungen

Uranium in the Pine Creek Geosyncline
Proceedings of the International Uranium Symposium on the Pine Creek Geosyncline, Sydney, 4–8 June 1979

International Atomic Energy Agency, Vienna 1980, (STI/PUB/555); 760 S., mit 1 Microfiche und 4 farbigen Karten als Beilagen; karton. AS 1080,–

Im Jahre 1949 fand der Prospektor *J. M. White* in der Gegend von Rum Jungle in Nordaustralien sekundäre Uraniumminerale. Auf diese Entdeckung folgten starke geologische Untersuchungen, die zur Entdeckung und Erkundung großer Vorkommen von Uraniumerzen führen. Wie sich herausstellte, ist eine große geologische Einheit, die unter dem Namen Pine Creek–Geosynklinale bekannt ist, als metallogenetische Provinz mit großen Uraniumvorkommen zu bewerten. Gegenwärtig beziffert man die Uraniumvorräte auf fast 300000 Tonnen U_3O_8. Damit verfügt Australien über ein Sechstel der Uraniumvorräte der kapitalistischen Welt.

Die geologische Forschung hat eine Fülle von neuen Erkenntnissen über die Entwicklungsgeschichte der Pine Creek–Geosynklinale und die Entstehung der Erzlagerstätten geliefert. Um eine erste Synopsis der Befunde und einen Vergleich mit ähnlichen metallogenetischen Provinzen zu geben, wurde im Juni 1979 ein Symposium veranstaltet, zu dem 55 Beiträge vorgelegt wurden. Unter anderem werden folgende Gegenstände behandelt: regionale Stellung der Pine Creek–Geosynklinale, absolute Altersbestimmungen, Granite, Metamorphose, Clusteranalyse der Hauptkomponenten der Gesteine, Verhalten der Seltenen Erden, Nordaustralien im Lichte der Plattentektonik, Geologie der Lagerstätten und einzelner Erzkörper, geochemisch-mineralogische Untersuchungen über Flüssigkeitseinschlüsse und Isotopenvariationen, radioaktives Gleichgewicht und seine Störung durch geochemische Vorgänge, Vergleiche mit ähnlichen Provinzen und Lagerstätten in Kanada, China, Finnland und den USA. Abschließend werden einige Verallgemeinerungen versucht, die für die Suche nach ähnlichen Vorkommen in bisher wenig erforschten Gebieten nützlich sein können.

Dem Band sind ein Microfiche (mit geochemischen Analysendaten) und vier farbige Karten des Untersuchungsgebietes im Maßstab 1:500000 (Geologie; Anomalien der Erdschwere in der *Bouguer*-Darstellung; magnetische Totalintensität; Intensität der Gammastrahlung) beigegeben, die wesentlich zum Verständnis der Texte beitragen.

Die Veröffentlichung der Arbeiten des Symposiums ist zweifellos ein Verdienst der IAEA. Fachleute der Geochemie, Geologie und Geophysik werden die dargebotenen Erkenntnisse mit Nutzen studieren.

K. H. Köhler

Biological Implications of Radionuclides Released from Nuclear Industries
Proceedings of a Symposium, Wien 26. - 30. 3. 1979

IAEA Wien 1979 (STI/PUB/522); Vol. I: 481 S.; AS 695,– Vol. II: 442 S.; AS 640,–

Das Symposium befaßte sich in 9 Sektionen mit Fragen der Radiobiologie, Radioökologie und -toxikologie, wobei vorwiegend die Transurane wie Pu, Am, Cm, Cf und auch andere bedeutende Radionuklide wie Tritium, Krypton und Jod im Vordergrund der Betrachtungen standen. Die in 62 Vorträgen vorgestellten Ergebnisse stammten von Tierversuchen, epidemiologischen und ökologischen Studien sowie aus Analysen der Futtermittelkette. Ferner wurden Spätschäden nach Unfällen behandelt und Risikobetrachtungen angestellt.

Im 1. Band werden die Vorträge zur biologischen Wirkung von Transuranen, insbesondere Pu, Tritium und anderen Beta-Strahlern aus der Kernindustrie sowie zur Aufnahme, dem Stoffwechsel und der gewebespezifischen Verteilung von Radionukliden – Rolle bei der Risikobetrachtung – zusammengestellt. Die Arbeiten befassen sich vorwiegend mit der biologischen Wirkung inhalierter Radionuklide, wobei die Tumorinduktion, die Zunahme dominant letaler Mutationen, der irreversible Verlust weiblicher Keimzellen, die Gewichtsabnahme, die perinatale und maternale Mortalität sowie u. a. die Wirkung auf die F_2-Generation im Vordergrund der Betrachtungen stehen. Bei den Stoffwechseluntersuchungen wird besonders die Speicherung im Skelett herausgestellt sowie die spezifische Bindung in den Organen.

Der 2. Band beinhaltet die Vorträge zu den Themen: Faktoren, die die Clearancecharakteristiken der Gewebe-Speicherung von Radionukliden beeinflussen: Rolle der Dekorporation für den Strahlenschutz, kombinierte Wirkung der inneren Bestrahlung und anderen physikalisch-chemischen Umweltnoxen, Humanstudien; epidemiologischer Überblick bei beruflich exponierter Population, Überblick über Radionuklide in Nahrungsmitteln; radiologische Bedeutung für den Menschen und radiologische und veränderliche Parameter der Umwelt; Rolle bei der Risikobetrachtung und Sicherheitsüberwachung. In den ersten Themengruppen wird zum Einfluß von Metalloxiden auf die Nuklidclearance, zur Dekorporation von Pu, Sr und Am sowie zur Tumorinzidenz nach Inkorporation von Radionukliden und Aufnahme karzinogener Stoffe Stellung genommen. Ferner wird anhand von Humanstudien zum Krebsrisiko, zur Induktion von Chromosomenaberrationen, zur Mortalität nach Aufnahme von Radionukliden sowie zur Ermittlung von Clearancedaten berichtet. Die letzten beiden Themengruppen befassen sich ausschließlich mit radioökologischen Fragestellungen, wobei u. a. Fragen der Verbreitung von Radionukliden in Nahrungsmittelketten und die aus dem Konsum der Nahrung resultierende Strahlenbelastung zur Diskussion stehen. Die in den beiden Bänden zusammengestellten Daten über den Stoffwechsel und die biologische Wirkung von Radionukliden aus der Kernindustrie geben einen informativen Überblick zum derzeitigen Stand auf diesem strahlenbiologischen Spezialgebiet.

F. Gensicke

Information Processing in Medical Imaging
Proceedings of the international INSERM Symposium, Paris, July 1979

ed by R. di Paola, E. Kahn; INSERM, Vol. 88. Paris 1980. 697 S., div. Abb. u. Tab.; karton.

Die insgesamt 42 Vorträge dieses Symposions (41 in englisch, 1 in französisch) sind in 9 Abschnitte unterteilt.

I. Kernmagnetresonanz (NMR), Ultraschall und Bildgewinnung durch Kernstreuung (NSR): *Crooks* und Mitarbeiter (San Francisco) gaben einen Überblick über den gegenwärtigen Entwicklungsstand ihres Gerätes zur Gewinnung von NMR-Körperquerschnitten, bisher der Wasserstoffverteilung. Eine Erweiterung auf andere Elemente ist vorgesehen. Die an Ratten gewonnenen Querschnittsbilder sind selbst in der Reproduktion sehr vielversprechend. Bei der Ultraschallbildgewinnung ist man bemüht, durch Ausnutzung weiterer Informationen eine Bildverbesserung zu erzielen. Die Kernstreuungsradiographie (*G. Charpak*, CERN), 1-GeV-Protonenstrahl von 20 cm Durchmesser, wurde am Beispiel eines Schädelpräparates demonstriert. Obwohl in der Diskussion der Referent seine Technik als nichtinvasiv bezeichnete und mit dem Ultraschall vergleichbar hinstellte, muß wegen der aufwendigen Strahlerzeugung, Detektoranordnung und der Strahlenbelastung eine verbreitete Anwendung angezweifelt werden. II. Radiologische und Computertomographie-Bildgewinnung: Wie diese Vorträge zeigten, hält die objktive Bildauswertung auch Einzug in die Röntgendiagnostik, z. B. Herzwandbewegung, Auswertung von CT-Bildern (effektive Elektronendichte und Atomzahl). III. Bildgewinnung in der Nuklearmedizin, Positronen-Emissionstomographie (ECT): Halbleiterkamera, Bildkorrektur von Gammakameras und quantitative Positronen-ECT sind Gegenstand dieses Abschnittes. IV. Gamma-Emissions- und *Compton*-Streuungs-Tomographie: Transmissionsbilder der Lunge in voller In- bzw. Exspiration und vaskuläre Pulsationen gestatten auf einfache Art Aussagen über die Funktion. Transversale Tomographie ist ebenfalls möglich. Probleme der Bewertung von ECT-Geräten, schnelle optische Bildrekonstruktion und Möglichkeiten der CT mit Hilfe von Streustrahlung schließen sich an. V. und VI. Dynamische Funktionsstudien: Im Vordergrund steht die Bilddarstellung von Funktionsparametern jedes einzelnen Bildelementes einer Studie. Dabei dient meist die Faktoranalyse zur Ermittlung der darzustellenden Parameter. Bei zyklischen Abläufen (Herz) ergeben Amplituden- und Phasendarstellung neue Einblicke. VII. EDV-Systeme. VIII. Bildwiedergabe und Algorithmen: In diesem Abschnitt findet man Vorträge über die Anzahl unterscheidbarer Stufen auf einem Bildschirm, dreidimensionale Wiedergabe bis hin zum Versuch einer automatischen Diagnostik. IX. Bewertung — Neue Entwicklungen: Ein Test für die statistische Signifikanz von ROC-Kurven und ein neuer Detektor, bestehend aus supraleitenden Körnchen (15—25 μ), mit Helium gekühlt, beschließen den Symposionsband. Jedem Vortrag schließt sich die zusammenfassende Diskussion an. Obwohl sich die Mehrzahl der Vorträge auf die Nuklearmedizin bezieht, kann der Band allen empfohlen werden, die sich in irgendeiner Weise mit der Bildbearbeitung, -darstellung oder -bewertung befassen.

B. Potschwadek

Methods of Assessment of Absorbed Dose in Clinical Use of Radionuclides

ICRU Report 32, International Commission on Radiation Units and Measurements, Washington D. C. 1979, 62 S., broschiert

Der vorliegende Report befaßt sich mit den Methoden der Bestimmung der Energiedosiswerte, denen die Gewebe von Personen ausgesetzt sind, welchen Radiopharmaka verabreicht werden. Radiopharmaka werden bereits in großem Umfang und steigendem Maße in der medizinischen Diagnostik routinemäßig eingesetzt. Viele der eingesetzten Radionuklide basieren auf dem Zerfall durch Elektroneneinfang oder durch einen isomeren Übergang von einem metastabilen Zustand, wobei die Energie der emittierten Röntgen- und Gammaquanten im Bereich von 5 bis 500 keV liegt. In solchen Fällen kann die Energiedosis stark unterbewertet werden, wenn man die Beiträge der Röntgenquanten, *Auger*- und Konversionselektronen nicht berücksichtigt. Der Zeitpunkt und die Notwendigkeit für die Veröffentlichung eines umfassenden Reports über dieses Gebiet und entsprechender Empfehlungen schien deshalb herangereift.

Nach einem einleitenden Abschnitt werden im Abschnitt 2 des vorliegenden Reports die grundlegenden Konzepte und Formeln für die Berechnung der Energiedosis und -dosisleistung behandelt unter Berücksichtigung der vom jeweiligen Radionuklid emittierten unterschiedlichen Strahlungsarten, des zeitlichen Abfalls der Aktivität, des Schwächungsverhaltens der Strahlungen im Gewebe sowie des absorbierten Anteils im Quellen- und im Targetbereich. Im Abschnitt 3 folgt eine kritische Einschätzung der Methoden zur Gewinnung der für die Dosisberechnung erforderlichen biologischen Daten, wie Verteilung der Aktivität im Körper nach Verabreichung der Radiopharmaka einerseits, Masse, Größe und Zusammensetzung der Organe sowie Masse des kranken Gewebes andererseits. Abschnitt 4 enthält eine Zusammenstellung der gegenwärtigen Verfahren, die für die Berechnung der Energiedosis empfohlen werden. Obwohl diese Verfahren in vielen Fällen die erforderlichen Berechnungen auszuführen gestatten, gibt es trotzdem eine Reihe von Grenzen und Schwierigkeiten, auf die im abschließenden Abschnitt 5 eingegangen wird. Besonderen Wert gewinnt der Report durch 5 Anhänge, in denen enthalten sind: Einzelheiten der Informationsquellen für die Charakteristika der in der Medizin angewandten Radionuklide zusammen mit geeigneten Tabellen der verschiedenen Daten (Anhang A), ein Überblick über die veröffentlichten Arbeiten über die absorbierten Anteile für γ-Strahlung, einschließlich einer graphischen Darstellung der Daten (Anhang B), eine Reihe charakteristischer Beispiele für die Dosisberechnung auf Grundlage der angeführten Methoden (Anhang C), Empfehlungen hinsichtlich einiger Probleme, die in der Dosimetrie von Radionukliden entstehen, die *Auger*-Elektronen und andere niederenergetische Strahlungen emittieren (Anhang D) sowie Quellen für biologische Daten (Anhang E).

Der Report beschäftigt sich primär mit der diagnostischen Anwendung von Radionukliden. Obwohl die betrachteten physikalischen Methoden im Prinzip auf im Körper verteilte Radionuklide allgemein anwendbar sind, ist zu beachten, daß bei der therapeutischen Anwendung eine Reihe zusätzlicher Probleme entstehen. Der Report bildet eine wichtige Arbeitsgrundlage für alle, die sich in Lehre, Forschung und Praxis mit nuklearmedizinischen Methoden zu befassen haben.

H. Rothe

Manpower requirements and development for nuclear power programmes

Proceedings of an international symposium held by the International Atomic Energy Agency at Saclay, 2 - 6 April 1979

Vienna: IAEA 1980. 628 S.; AS 900,—

Das Buch gehört zu den seit Jahren von der IAEA, Wien, herausgegebenen Proceedings-Serien. Es enthält Materialien des internationalen Symposiums über den Bedarf und die Entwicklung des Personals für Kernforschungsprogramme, welches unter der Schirmherrschaft der IAEA und mit Unterstützung der französischen Regierung in der Zeit vom 2. – 6. 4. 79 in Saclay organisiert wurde. An dem Symposium nahmen mehr als 100 Wissenschaftler aus 24 Ländern und 3 internationalen Organisationen teil. Das Symposium entsprach dem IAEA-Programm zur Unterstützung der Potentialentwicklung auf dem Gebiet der Kernforschung und Kerntechnik speziell in den Entwicklungsländern. In 38 Vorträgen, welche Wissenschaftler aus 14 Ländern und der IAEA hielten, wurden die Fragen des Bedarfs an qualifizierten Kadern, die Möglichkeiten ihrer Ausbildung und des Trainings sowie die internationale Zusammenarbeit auf diesem Gebiet dargestellt. Die Vorträge wurden präsentiert in 7 Hauptsektionen. Die 1. Sektion umfaßte die allgemeinen Aspekte des Bedarfs und der Entwicklung des Kaderpotentials für die Kernforschungs- und Kerntechnikprogramme. Die Vorträge dieser Sektion behandelten den speziellen Bedarf des Kaderpotentials der Entwicklungsländer, die Kaderressourcen sowie die Trainingsmöglichkeiten und Programme. In den Vorträgen dieser Sektion wurde besonders hervorgehoben, daß das Training des Personals der Entwicklungsländer durch die Länder, welche die Kerntechnik und Kerntechnologie exportieren, in vielen Fällen vernachlässigt wird und daß entsprechende Organisationsformen mit Unterstützung der IAEA gefunden werden müssen, um diese Probleme zu lösen.

Die Sektionen 2, 3 und 4 behandelten eine Analyse der nationalen Erfahrungen bei der Schaffung und Entwicklung des Kaderpotentials für die Kernforschungs- und Kerntechnikprogramme. In fast allen Vorträgen wurde eingeschätzt, daß die Verfügbarkeit über adäquat qualifizierte Kaderpotentiale zu den entscheidenden Bedingungen der erfolgreichen Entwicklung der Programme und Projekte der Länder gehört. Besonders prekär zeigte sich die Situation der Entwicklungsländer, in welchen z. B. bereits heute 12 Kernkraftwerke mit einer Gesamtleistung von 3600 MW(e) installiert und 17 weitere projektiert oder bereits gebaut werden. Etwa 30 Entwicklungsländer befinden sich in verschiedenen Stadien der Planung und der Implementierung ihrer ersten nuklearen Kapazitäten. Nach den Angaben der IAEA sollen in den Entwicklungsländern im Jahre 2000 Kernkraftwerke mit einer Gesamtkapazität von etwa 150 – 200 GW(e) installiert werden. In den Vorträgen der Länder kommt zum Ausdruck, daß, wenn die o. g. Pläne erfüllt werden sollen, in den nächsten 20 Jahren etwa 100000 Spezialisten aus den Entwicklungsländern ausgebildet werden müssen. Diese Ausbildung soll erfolgen sowohl in den Entwicklungsländern selbst als auch in den entwickelten Ländern mit Unterstützung der IAEA. So zeigten die Vertreter aus Brasilien, Argentinien, Türkei, Philippinen u. a., welche Anstrengungen in diesen Ländern unternommen werden, um nationale Ausbildungspotentiale zu schaffen. Von den Vertretern der USA, Japans, Frankreichs, der BRD, der DDR u. a. wurden die Erfahrungen auf dem Gebiet der Ausbildung, des Trainings und der praktischen Erfahrung im Betrieb der Kernkraftwerke dargestellt.

Die Sektionen 5, 6 und 8 behandelten Fragen der internationalen Unterstützung der Trainingsprogramme sowie spezielle Gebiete und Aspekte der Entwicklung des Kaderpotentials. Besonders hervorzuheben sind dabei die Erfahrungen der sozialistischen Länder. Das Buch gibt einen guten Überblick über den Stand der Kaderausbildung zur Realisierung der Kernenergieprogramme in den einzelnen Ländern und zeigt Wege und Erfahrungen zur optimalen Gestaltung des notwendigen Kaderpotentials. Es kann genutzt werden für Ausbildungseinrichtungen, Hochschulen und Trainingsabteilungen der Kernkraftwerke sowie für Wissenschaftler und Technologen, welche mit dem unmittelbaren Betrieb der Kernkraftwerke verbunden sind.

Die 7. Sektion wurde als Rundtischgespräch durchgeführt und betraf spezielle Probleme des Personaltrainings.

L. Jankowski

Neutronengeneratoren in der Prozeßkontrolle

V. T. Tustanovski. Moskau: Atomisdat 1980. 149 S.

Der Autor gibt auf 140 Seiten eine Einführung in Aufbau und Funktionsweise von Neutronengeneratoren in die Grundlagen der Kernreaktionen mit schnellen Neutronen sowie der Neutronenphysik und diskutiert einige Anwendungsbeispiele in der Industrie.

In einer umfangreichen Tabelle werden die infolge Kernreaktionen mit schnellen Neutronen entstehenden Folgekerne nach ihren Halbwertszeiten systematisiert. Hier wäre ein Bezug zur erzeugenden Kernreaktion wünschenswert.

Anhand solcher sowjetischen Entwicklungen wie die Neutronengeneratoren mit abgeschmolzenem Rohr der Typen K-1, K-2, K-5, MA-I u. a. werden Sauerstoff-, Silizium- und Vanadium-Gehaltsbestimmungen an Erz- oder Metallproben, aber auch an Halbleitermaterialien besprochen. So ermöglicht z. B. die Überwachung des Sauerstoffgehaltes in Stahlproben bis auf 1 ppm genau die Überwachung des Schmelzprozesses. Weitere Beispiele sind die Sauerstoff-Bestimmung in Titanerzen beim bergmännischen Abbau, die Sauerstoff-, Aluminium- und Silizium-Analysen in der Zementindustrie sowie die Bestimmung von Chlor-, Phosphor- und Zinkgehalten im Erdöl. Relativ ausführlich befaßt sich *Tustanovski* mit dem Problem der aktivierungstechnischen Erfassung von Kohlenstoff im Bereich 0,1 – 100%. Zur Lösung einer Reihe von Problemen der kohleverarbeitenden Industrie diskutiert er meßtechnische Anordnungen, die auf die Erfassung der 13,4-MeV-β-Teilchen des B-12, das sich aus der n, p-Reaktion des ^{12}C bildet, zurückgehen.

Das Buch ist für alle diejenigen gut geeignet, die sich über die prinzipiellen Anwendungsmöglichkeiten von Neutronengeneratoren ins Bild setzen möchten.

J. Leonhardt

Handbuch der Atom- und Molekularphysik

A. A. Radzig, B. M. Smirnov. Moskau: Atomisdat 1980. 240 S.

Das Handbuch faßt wichtige physikalische Konstanten zusammen und gibt eine Übersicht über die in der Atomphysik gebräuchlichen Maßsysteme. Tabelliert sind die Isotopenhäufigkeiten der Elemente, die Elektronenkonfigurationen und Energieterme von Atomen und Atomionen im Grundzustand einschließlich der Parameter von Wellenfunktionen der Valenzelektronen in Atomen, positiven und negativen Ionen sowie solche energetischen Parameter wie Ionisationspotentiale, Elektronegativitäten.

Termschemata und Spektren atomarer Teilchen enthalten Angaben zu den Oszillatorstärken der Übergänge. Der Darlegung der Wechselwirkung atomarer Teilchen im Molekül schließt sich die Besprechung 2- und mehratomiger Moleküle in Hinsicht auf Quantenzahlen und Elektronenkonfiguration, Potentialkurven, Lebenszeiten angeregter Zustände, Dissoziationsenergien, Elektronenanlagerungsvermögen und andere Daten an. Die elektromagnetischen Moleküleigenschaften Dipolmoment, Quadrupolmoment und Polarisierbarkeit für einfache Moleküle sind aufgeführt. Im mathematischen Anhang sind die *Klepsch-Gordon*schen Koeffizienten tabelliert.

J. Leonhardt

Die Maschine.
Geschichte, Elemente, Funktion — ein enzyklopädisches Sachbuch

S. Strandh. Aus dem Engl. von R. Pietrzak. Freiburg—Basel—Wien: Herder 1980. 240 S.; 600 ein- und mehrfarb. Abb.; geb. DM 98,—

Es ist heute praktisch unmöglich, ein Buch zu schreiben, in dem das hier gewählte Thema auch nur einigermaßen vollständig abgehandelt werden kann. So war es dem Autor letztlich überlassen, nach seinen Gesichtspunkten eine Auswahl der zu beschreibenden Maschinen zu treffen und eine Darlegungsform zu wählen, mit der er sein offensichtliches Ziel, in einem noch handhabbaren Werk recht umfassende Kenntnisse über die Geschichte, die Elemente und die Funktion der Maschine zu vermitteln, erreichen konnte.

Das Buch ist in neun Abschnitte untergliedert, die weder eine strenge Folge von Entwicklungsetappen der Maschine noch eine exakte Gliederung z. B. nach Maschinengruppen darstellen. In den ersten drei Abschnitten wird die Entwicklung der Werkzeuge vom Feuersteinkeil bis zum Industrieroboter sowie der elementaren Maschinen und Maschinenelemente, die zur Technik von heute geführt haben, dargelegt. Es folgen Beschreibungen der verschiedenen Antriebsmaschinen, beginnend mit den auf Muskelkraft, Wasserkraft und Wind beruhenden, sodann der Dampf- und Verbrennungskraftmaschinen und schließlich des Elektromotors. In den letzten Abschnitten werden die Kontroll- und Steuerungssysteme und deren Entwicklung, der Computer mit seinen Vorgängern und Maschinen unserer täglichen Umgebung beschrieben.

Das verständlich und interessant geschriebene Buch mit seinen 600 Abbildungen, von denen viele die Wirkungsweise auch komplizierterer Maschinen durch Darstellung im sogenannten Röntgenschnitt augenscheinlich machen, vermittelt jedem an der Technik Interessierten — vom Schüler der oberen Klassen bis zum Wissenschaftler — einen guten Überblick und wertvolle Kenntnisse über die Entwicklungsgeschichte, den Bau und die Funktion zahlreicher Maschinen, die seit der Zeit des Pyramidenbaus im alten Ägypten bis heute dem Menschen dienten und dienen.

J. Holzhey

H. Roetzer, M. Schmidt

Positioning of Prestressing-Cable Ducts in a Prestressed Concrete Bridge

Isotopenpraxis **17** (1981) No. 6, p. 253 to 255
3 Fig., 1 Tab., 4 Ref.

In some prestressed-concrete bridge systems the cable ducts are at first concreted-in without cables introduced. For quality controll, the position of the ducts may be checked before introducing the cables. Positioning is performed by means of radiation sources inserted into the ducts an localized by means of dosimetry probes. The determined positions render possible decision on further usability of the cable ducts.

A. Damyanova, M. Lazarova, G. Dechev

Application of Destructive Neutron Activation Analysis for the Determination of Microelements in *Zostera marina* and *Ulva lactuca* (*In English*)

Isotopenpraxis **17** (1981) No. 6, p. 256 to 257
· Fig., 2 Tab., 11 Ref.

The content of micro- and macroelements was investigated in two algal species from Bulgarian Black Sea aquatoria. The radiochemical variant of neutron-activation analysis is used for elimination of the harmful activities of the macrocomponents ^{24}Na, ^{42}K, ^{32}P, which makes it possible to determine ^{56}Mn, ^{64}Cu, ^{76}As.
The quantitative composition of the elements Fe, Co, Cr, Cd, Se, Zn, Ce, Sc, Rb, Au, Sm, As, Cu, Mn, Sb, Hg was measured.

Letters to the Editor

M. Králová, F. Kysela

Device for Simultaneous Radiodetection of Double-Labelled Compounds in Plant Material (*in English*)

Isotopenpraxis **17** (1981) No. 6, p. 258 to 260
9 Fig., · Tab., Ref.

Meetings

Isotopenpraxis **17** (1981) No. 6, p. 260

Information

Isotopenpraxis **17** (1981) No. 6, p. 261 to 264

New Books

Isotopenpraxis **17** (1981) No. 6, p. 265 to 268

Х. Ретцер, М. Шмидт

Локализация защитных труб для натяжных канатов в мосту из предварительно напряженного бетона

Isotopenpraxis **17** (1981) вып. 6, стр. 253 до 255
3 рис., 1 табл., 4 лит.

В некоторых мостах из предварительно напряженного бетона защитные трубы сначала закладываются в бетон без натяжных канатов. В целях контроли качества можно определить положение труб до введения канатов. Локализация осуществляется с помощью источников излучения, протягиваемых через трубы. Их позиции определяются с помощью дозиметрических пробников. На основании определившихся измерением позиций можно принимать решение относительно употребляемости защитных труб.

А. Дамьянова, М. Лазарова, Г. Дечев

Применение разрушающего нейтронно-активационного анализа для определения микроэлементов в *Zostera marina* и *Ulva lactuca* (*на англ. языке*)

Isotopenpraxis **17** (1981) вып. 6, стр. 256 до 257
— рис., 2 табл., 11 лит.

Исследовано содержание микро- и макроэлементов в двух видах водоросли из болгарской черноморской акватории. Использован радиохимический вариант нейтронно-активационного анализа, чтобы удалить фоновые активности макрокомпонентов ^{24}Na, ^{42}K, ^{32}P. Это дает возможность определить содержание ^{56}Mn, ^{64}Cu, ^{76}As. Получены количественные данные об элементах Fe, Co, Cd, Se, Zn, Ce Sc, Rb, Au, Sm, As, Cu, Mn, Sb, Hg.

Письма в редакцию

М. Кралова, Ф. Кызела

Приспособление для одновременного определения радиоактивности двумеченых соединений в растительном материале (*на англ. языке*)

Isotopenpraxis **17** (1981) вып. 6, стр. 258 до 260
9 рис., —табл., — лит.

Совещания

Isotopenpraxis **17** (1981) вып. 6, стр. 260

Новости

Isotopenpraxis **17** (1981) вып. 6, стр. 261 до 264

Новая литература

Isotopenpraxis **17** (1981) вып. 6, стр. 265 до 268

Contents of this Issue

Progress Reports

Articles

Letters to the Editor